# 辣媽*Shania*

## 給新手的零廚藝、
## 超省時鬆餅機料理 72

格子鬆餅、鯛魚燒、熱壓吐司、帕里尼、甜甜圈與杯
子蛋糕等夢幻點心，早餐與午茶一次滿足！

## 作者序

我也是小 V 愛好者。

這台外表漂亮的鬆餅機，幾年前在台灣就已經很盛行了。沒想到的是，每當推出新款主機時，還是能不斷造成搶購熱潮。

約莫 5 年前，我已經有一台他牌的鬆餅機，看到漂亮的小 V，真的很心動，烤模實在好多樣化，重點是還可以拆下來清洗，不像其他烤模都是附著在機器上，只能使用濕布擦拭。我忍了好幾個月，就怕自己只是一時衝動，買了之後很少用。

但某次在購買烘焙材料時，看到實品 Tiffany 藍，腦波太弱不敵衝動，我終於買了。

還記得在家第一次烤出鯛魚燒的心情，真的是非常開心，這鯛魚燒實在太可愛了，平常愛吃鯛魚燒的我，從來沒想過竟然可以輕鬆地在家自己做。哎……之前幹嘛掙扎這麼久，早就該買了。

之後，只要有客人來家裡，我就會拿鬆餅機做點心給大家吃，每一次都能聚集眾人目光，每一道點心，只需 3-4 分鐘即可完成，雖然每次烤出來的份量不多，但就是在這樣一次一次烤的過程中，令人更有期待感了（也因為這樣 很多人家裡不只一台）。

Vitantonio 鬆餅機是媽媽們的夢幻玩具，也是可以跟孩子同樂的小家電。簡單倒入麵糊，就能輕鬆完成。我們家女兒國小時，就會找同學一起來家裡玩鬆餅機，享受動手做點心的快樂。只要有了食譜和食材，小女生們在一起玩得很開心，吃得很開心，真的很棒。

準備孩子的早餐還有點心，是件繁瑣辛苦的事情，如果有台好用可愛的工具幫忙完成，可以稍微慰勞父母的辛勞啊。當然也很適合讓孩子帶到學校，作為園遊會或是同樂會的點心。像是甜甜圈 , 杯子蛋糕、瑪德蓮、蕾絲餅……，都是小 V 非常拿手的項目。

希望這本書，可以幫助小 V 的愛好者，完成一道道的快速早餐及豐盛的下午茶。

Shania

# content

## 1 基本工具與材料

## 2 美味餡料

# 5 分鐘快速早餐

— 5 —

## 4 8分鐘午茶派對

### Column｜節日點心

# 小V影音食譜

## 熱壓吐司
花生麻糬／時蔬熱壓吐司／薑汁燒肉熱壓吐司／抹茶麻糬紅豆／肉鬆蔥花蛋

## 一口鬆餅
原味／巧克力／抹茶

## 比利時鬆餅
原味／巧克力／抹茶／起司培根／蔥花肉鬆

## 麻糬鬆餅
創意下午茶自己做

## 巧克力麵包
鬆餅機也能烤麵包

## 一口法式檸檬塔
清香酸甜好滋味

## 萬聖節搞怪甜甜圈
搞怪又好吃

Part

*1*

基本工具
與材料

# 基本工具

## 鬆餅機及烤盤

Vitantonio鬆餅機是目前最受歡迎的鬆餅機,可拆卸式的烤盤讓清洗變得更方便,重點是還有多種烤盤可以替換,能烘烤出漂亮可愛的鯛魚燒、杯子蛋糕、瑪德蓮、塔皮及費南雪等,深受大小女性們的喜愛。開蓋看到成品的那一刹那,任誰都忍不住驚嘆尖叫啊。

除此之外,還有能幫助大家快速完成多變的早餐輕食烤盤,例如帕里尼、熱壓吐司等,都是備餐的好幫手。絕對是集美貌與實用於一身,家家必備一台的鬆餅機。

面板操作及設定都很簡單

上下可安裝不同的烤盤來使用,共有14款

Bakeware  *Breakfast & Brunch* · 早餐 / 早午餐

## 帕里尼烤盤

可以熱壓百變的帕里尼或起司烙餅。這款用於製作早餐實用性超高，餡料可在前一天準備好，隔天只需鋪上吐司與食材，4分鐘就能完成營養均衡、外表酥脆、溫熱內餡的餐點，真是超棒的享受。

## 方形盤

常有人問我帕里尼與方形吐司烤盤的差異。我的心得是，方形吐司可壓入更多餡料，像是肉類、雞蛋和生菜都能全部放入，烤盤能將餡料包到吐司裡面，不用擔心餡料會跑出來。還可以將芋泥、地瓜泥類的餡料集中裝滿，吃起來更具滿足感。但烤出來的吐司外皮不如帕里尼那般酥脆，比較柔軟，所以很難二選一。

## 多功能吐司烤盤

看起來跟帕里尼很像，但深度較深，烤盤面積也稍微大一點，可夾入更多餡料。**這是計時器款專屬的烤盤，也是唯一沒辦法與非計時器款小V共用的烤盤。**

## 三明治吐司烤盤

可放入餡料，但份量較方形吐司少，如果當天早上不想吃太飽，可以使用這個烤盤。建議放味道較重或甜度較高的內餡，例如果醬、花生醬、巧克力醬，或是包入火腿與起司這類餡料不多的食材，三明治烤盤都會是不錯的選擇。

## 格子鬆餅烤盤

這幾乎是各個型號必備的烤盤。可以做格子鬆餅、一口鬆餅、比利時鬆餅。鬆餅的形狀可依麵糊量來做變化，如果放入較多麵糊，可以做出方形的鬆餅。如果只放二分之一的量，就能做出圓形鬆餅。

## 愛心鬆餅烤盤

多用來製作鬆餅，做出來的鬆餅比格子鬆餅薄一些，口感會更脆一點，份量也比較少，愛心的形狀很討喜。書中用於格子鬆餅烤盤的配方，都可以運用在這個烤盤上。也有朋友分享熱壓小湯圓，壓出來的模樣也很可愛。

## 甜甜圈烤盤

可以用來做出超可愛的迷你甜甜圈，也可以用來做一口飯糰。一般外賣的甜甜圈，多屬油炸食品，吃起來比較膩口。但小V的甜甜圈，則是類似蛋糕口感且不那麼甜膩。簡單裝飾之後，就可以變身成不同節日的應景甜點。

## 銅鑼燒烤盤

可以把銅鑼燒的外皮烤得又圓又漂亮。除了製作銅鑼燒，我還喜歡用它來製作米漢堡，也可以直接用來烤熟冷凍麵糰。出來的成品圓圓的，模樣十分可愛。

## 瑪德蓮烤盤

可以製作瑪德蓮與雞蛋糕，也有人拿來製作小飯糰。小V做出來的瑪德蓮，比市售任何烤模都來得小，模樣迷你可愛，一口一個剛剛好。製作雞蛋糕的時候，刻意倒多一點麵糊，滿出來的部分，在烘烤之後，會更酥脆好吃。

## 鯛魚燒烤盤

可以製作鯛魚燒，也有網友用來製作飯糰。鯛魚燒本身非常吸睛，大人小孩都喜歡，可依包入的內餡不同，隨意變身早餐或下午茶。

很多人會介意鯛魚燒的下方與上方烤色不是很均勻，而將整個鬆餅機翻過來，但這樣可能會提高鬆餅機的故障率，說明書中並不建議大家這樣做。我實際試驗讓烤色比較均勻的秘訣，便是麵糊要足夠，也就是在足量的情況烘烤完後，會有多餘麵糊流到烤盤中間。此外，餡料也要放得足夠，麵糊裡面的糖量不得任意減少，便是讓鯛魚顏色漂亮、外型飽滿的秘訣。

## 杯子蛋糕烤盤

適合做一口蛋糕，一口飯糰。份量迷你，很適合做party food。

## 迷你塔皮烤盤

這單片烤盤,是香港當初的限定版,直到2019年,台灣才能購買到。這款必須搭配杯子蛋糕的下盤烤盤才可以製作。沒有這台鬆餅機,要製作迷你塔皮是非常麻煩並費工的事情。有了這個烤盤,只需要製作麵糰,簡單分割滾圓,放入烤盤熱壓2-3分鐘就完成了。

## 法式蕾絲烤盤

這是最受歡迎的烤盤前段班,因為圖案真的太美了,壓出來的餅乾還非常酥脆好吃。除了製作酥脆可口的蕾絲餅,也可把吐司壓成薄片,酥香可口。而蕾絲餅剛出爐時,非常好塑形,可以把它做成冰淇淋杯,口感和外型都滿分喔!

## 費南雪烤盤

費南雪是大家比較陌生的甜點,形狀也比較樸實。但費南雪在法國是當地的特色甜點,專為金融人設計,所以它的形狀是金條和金磚。在過年時,非常適合拿來送禮。本書裡面也用這個烤盤來製作鳳梨酥。

## 塔皮烤盤

做塔皮是很多人的惡夢,工序繁複,要先做麵糰、再擀、然後放到烤模裡,壓上烘焙重石,再烘烤。但小V這款烤盤,只需先做好塔皮麵糰,省去後面好幾個步驟,烤出來的塔皮小巧又可愛,都是傳統烘焙工具做不到的。

## 最實用的烤盤選購建議

每種烤盤我都試過很多次了，各有它的用途，真的很難割捨。所以我常會跟問我的人說，不用糾結應該買哪個烤盤，因為遲早會忍不住全部都搬回家。

我特別喜歡用小V來製作早餐，很多在外面賣得很昂貴的早餐，都可以在家快速完成，像是熱壓三明治、帕里尼、鬆餅等。只要在前一天多花幾分鐘準備，隔天就可以快速完成。

此外，還有令人心動的下午茶，小V做出來的點心，比一般市售的模具還小巧可愛，非常符合現代人的審美與偏好，那種每種都只想嚐一口味道，然後吃到很多樣的心情。

以下，是我的初級入坑推薦，大家可以依據是做早餐多些還是做點心多些來選擇。

| 早　餐 | 格子鬆餅/帕里尼<br>方形吐司 |
| --- | --- |
| 下午茶 | 甜甜圈/杯子蛋糕/法式薄餅<br>烤盤/瑪德蓮 |

## 食物處理器

Vitantonio食物處理器，輕巧多變又好用，能更有效率地完成麵糰或是麵糊。甜甜圈、杯子蛋糕都可以一鍵完成喔！

## 麵包機

麵包機款式很多，功能不盡相同。在這本書裡面，是用麵包機來製作麵包麵糰，只要確定麵包機裡面有【麵包麵糰】或【快速麵糰】功能即可。

## 打蛋器

有桌上型、也有電動手持打蛋器以及一般手動式打蛋器。這本書裡面麵糰或麵糊的份量都不多，建議用手持打蛋器就可以。

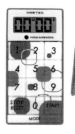

## 計時器

鬆餅機料理大約在3-4分鐘左右可以完成，雖然最新款鬆餅機已內建計時器，但建議家裡還是再買一台，以備不時之需。

## 鋼盆或大容量玻璃量杯

用來攪拌麵糊時候使用。

## 刮板

作為分割麵糰、整形的時候使用。如一口鬆餅與一口迷你塔中會使用到。

## 擀麵棍

塑膠製的擀麵棍比較沒有發霉的問題。

## 篩網

用來過篩麵粉與麵糊時使用。

## 電子秤

為了精準做出成功的烘焙食品，電子秤是必備的工具，建議購買可以精準到0.1g的量秤，使用起來會更方便。

## 麵包刀

麵包刀有著特殊的鋸齒狀，才能切割出漂亮的麵包。

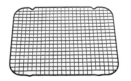

## 網架

剛出爐的麵包或鬆餅必須放涼，底部必須呈現網狀，才不會讓鬆餅與點心的底部因為熱氣無法散去而受潮。

## 隔熱手套

當烤盤還有溫度，從鬆餅機取出烤盤或清洗時使用。

## 矽膠夾

將烤好的鬆餅、鯛魚燒等從烤盤取出的輔助工具。矽膠耐熱又不會刮傷烤盤，是眾多材質中比較推薦的一款。

## 刮刀

攪打麵糊或做餅乾麵糊時，可以用來清除沾粘在攪拌盆旁多餘的麵粉等材料。

## 擠花袋

呈現三角形的形狀，需將麵糊裝到擠花袋裡面，才可以精準地倒入鬆餅烤盤上。

## 矽膠刷

鬆餅機預熱好之後，放入麵糊之前，需要在烤盤上塗抹適量的奶油。建議使用矽膠刷，既耐熱又好清洗。

# 基本材料

### 低筋麵粉

低筋麵粉是筋性最低的麵粉,用於製作鬆餅、銅鑼燒、蛋糕等點心,在超市即可購得。

### 可可粉

食譜裡面所使用的可可粉皆為無糖可可粉,市售可可粉有顏色深淺之分、風味也會有所不同。不建議購買調味過的沖泡式可可粉,會影響做出來的成品。

### 奶粉

用於增添風味,讓烤色更美。一般市售的成人奶粉皆可,若覺得罐裝量太大,可於烘焙材料行購買到小包裝。

### 高筋麵粉

高筋麵粉的筋性比較高,能做出有嚼勁的麵包,在超市即可購得。

### 抹茶粉

請使用烘焙專用的無糖抹茶粉(如靜岡抹茶粉),一般沖泡用的綠茶粉因為不耐高溫,烘烤之後會變色,要留意部分市售商品添加了砂糖與奶粉,並不適合拿來烘焙。

### 炭焙烏龍茶粉

具濃郁的炭焙香氣,可購買市售的炭焙烏龍茶,再自行用研磨器磨成茶粉,來製作甜點。

### 米穀粉

由米研磨而成,本書用於製作鬆餅,吃起來格外有米穀的香氣,也可減少麥麩的使用量。

### 糯米粉

用來製作麻糬,在超市就可以買得到。

### 泡打粉

有助於讓麵糊蓬鬆，如鬆餅、鯛魚燒、瑪德蓮等料理會使用到。本書使用無鋁泡打粉，可在烘焙材料行購買。

### 水

用於製作麵包的時候，夏天建議使用冰水，冬天則使用常溫水即可。

### 鮮奶

一般市售鮮奶即可。

### 速發酵母

本書使用一般速發酵母。速發酵母使用起來非常方便，用量少，並可迅速地與水融合並發酵。

### 鮮奶油

本書使用的是動物性鮮奶油。

糖粉

細砂糖

### 糖類

**細砂糖：**
一般麵包，建議使用細砂糖來製作。

**糖粉：**
質地顆粒更細緻，適合用來製作蕾絲餅等甜點。

**黑糖：**
富含鐵質，製作鬆餅時，建議先將結塊的糖塊過篩再使用。

**珍珠糖：**
用來製作比利時鬆餅，建議購買顆粒大一點的，吃起來的口感更佳。

## 雞蛋

食譜裡面使用的雞蛋，去殼之後每顆重量約50g。

## 鹽

在麵包製作上，除了可抑制麵糰過度發酵，還能提味，並增加麵糰的彈性。應用在甜點上，則可以增添風味。

## 油脂

### 液態油

常用的橄欖油、玄米油、葵花油或沙拉油都可以。

### 奶油

本書使用的奶油大多為藍三角奶油，製作出來的餅乾，奶香味十足，也很鬆酥，包含少許的鹽分，可以增添風味。

## 非調溫巧克力

有黑巧克力與白巧克力可以選擇，在烘焙材料行可以買得到。適合用來在甜甜圈或是其他甜點上，畫出圖案。建議放入三明治袋裡面，隔水加熱至融化之後，即可在甜點上畫畫，凝固速度也很快。

奶油乳酪

## 巧克力豆

在烘焙材料行購買，通常會存放在冷藏區，烘烤之後若稍微融化，是正常現象。

## 奶油乳酪（cream cheese）

奶油乳酪最常被用來製作起司蛋糕，本書中是用來做杯子蛋糕。

## 香草豆莢

富有天然濃郁香氣的香草豆莢，常用在甜點製作，在烘焙材料行都可以買得到，本書用於製作香草卡士達醬（P028）。

# 關於小V暨食譜的 Ｆ Ａ Ｑ

**Q1** 小V做任何點心前，是否都要預熱？
預熱時間約多長？

是的，預熱是必要的。通常等到綠燈亮
了之後，就代表已經預熱完成。等待的
時間約4-6分鐘不等。

**Q2** 小V烤盤，在做任何點心前，都需要抹油嗎？
如果需要抹油，抹植物油還是奶油呢？

不一定每樣都得塗抹奶油，但大多數都是需要的，建
議塗抹奶油，會比植物油更合適。

**Q3** 坊間有些文章說，為了讓鬆餅烤色更均勻，因
此烤到一半時，小V整台機器要翻面，是這樣
嗎？如果不翻面，烤色是否會不均勻？

不建議在使用期間將機器翻轉過來，以免對機器造成
損害。烤色不均的問題，有時候是因麵糊量不足的關
係。大家多烤幾次之後，就會比較清楚麵糊應該放多
少才會剛好。

**Q4** 使用完小V後，要如何清潔與保養烤盤？
烤盤可以放入洗碗機中清潔嗎？

取下的烤盤建議用中性的洗碗精清洗，並且搭配海綿使用。烤盤表面因有防沾黏的塗層，絕對不可以放入洗碗機喔。

**Q5** 小V上蓋闔起來時，機器扣不緊是正常的嗎？
麵糊會不會溢出來呢？

由於麵糊烘烤之後都會膨脹，為了預留空間，所以上蓋扣不緊是正常的。機器的說明書裡面都有說明，建議大家還是要先看一下說明書再來操作。

**Q6** 小V烤盤，平日要如何收納呢？
可以疊起來嗎？

建議可以購買A4L的資料夾來收藏，加上漂亮的標籤，這樣既好整理又一目瞭然。

**Q7** 小V烤盤每代的機型都可以共用嗎？

多功能烤盤只適用計時器款，其他烤盤則可適用各代機型。

**Q8** 小V需不需要空燒這個開機程序？
還是清潔後，就可開始使用？

建議詳見說明書，請按使用說明操作。

**Q9** 怎樣知道小V已經預熱完成？

綠燈亮了，就代表預熱已經完成。

**Q10** 烘烤中途，可以掀開上蓋來看嗎？

上蓋之後，但開始的2分鐘內不建議打開
蓋子，麵糊可能還沒熟，打開可能會破壞
成品。

**Q11** 使用後，要馬上把蓋子蓋上嗎？

依據我的使用經驗，建議待鬆餅機冷卻之
後，再蓋上蓋子。不然餘熱會造成類似空
燒的作用，可能會減少烤盤的壽命。

*Column*

## 網友投稿的 最愛烤盤與創意作品

鯛魚燒 烤盤

### 魚兒水中游 鯛魚燒鬆餅三明治

作者：竺的雜貨鋪

可愛的鯛魚燒鬆餅，一出鍋直接有造型，當成三明治夾入鹹食或甜食，都非常美味，大人小孩都喜歡。

### 萬聖節巧克力蕾絲餅

作者：Kanaの烘焙小廚房

蕾絲 烤盤

最愛小V的蕾絲烤盤了。用蕾絲烤盤幫小朋友做應景小點心到學校分享，好吃又好看，拿出去超有面子。

### 蛋餅皮韭菜盒子
作者：Joy Lin （林鈺婷）

方形
烤盤

擁有了小V，不用揉麵糰擀皮，只要使用蛋餅皮，前後左右折一折，熱壓6分鐘，就有美味可口且不油膩的韭菜盒子可以享用了。

### 一口維尼布丁塔
作者：王惠玲

迷你塔皮
烤盤

感謝辣媽的食譜，很榮幸能參與這次的新書活動。酥脆的塔皮搭配香濃內餡，再以巧克力點綴出可愛的裝飾，是道好吃又好看的小點心。

甜甜圈
烤盤

### 春時花兒朵朵開
作者：楊琇如

把繽紛的麵糰，用小V的甜甜圈烤盤一壓，就可以烤出那一朵朵洋溢春天氣息的小花。

# Part

## 2

美味
餡料

# 香草卡士達醬

## 材料

| | | | |
|---|---|---|---|
| 香草豆莢 | 1/4根 | 細砂糖 | 40g |
| 鮮奶 | 160g | 低筋麵粉 | 20g |
| 蛋黃 | 2顆 | | |

## 作法

1. 牛奶鍋：剝開香草豆莢，挖出香草籽，與鮮奶一起放到鍋子裡面加熱，到鍋邊微微起泡，但不要加熱到沸騰❶。

2. 蛋糊鍋：取另一個鍋子，放入蛋黃及細砂糖，以打蛋器攪拌均勻❷，然後加入過篩的麵粉❸，再度攪拌均勻❹。

3. 倒入約1/2加熱過的牛奶至**2**中，持續攪拌均勻❺。

4. 之後再倒回鍋內❻，以小火一邊攪拌、一邊加熱。

5. 加熱到稍微黏稠時，就關火❼。

6. 倒入保鮮盒裡面，以保鮮膜覆蓋住放涼後，放入冰箱保存。

### Tips

- 香草豆莢在烘焙材料行可購得，若沒有香草豆莢可省略，也可用香草豆莢醬或香草精取代。
- 卡士達醬建議放到隔天會更美味，最好3天內食用完畢。
- 剩餘的蛋白可拿來做原味蕾絲餅或蜂蜜費南雪。

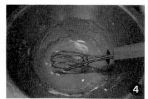

# 巧克力卡士達醬

## 材料

| | | | |
|---|---|---|---|
| 鮮奶 | 180g | 細砂糖 | 25g |
| 可可粉 | 5g | 低筋麵粉 | 15g |
| 苦甜巧克力 | 60g | 奶油 | 25g |
| 雞蛋 | 1顆 | | |

## 作法

1. 牛奶鍋：把鮮奶、可可粉及苦甜巧克力全部放入牛奶鍋裡 ❶，以小火煮到巧克力融化，放涼備用。

2. 蛋糊鍋：將全蛋與細砂糖一起打散 ❷，加入過篩的低筋麵粉 ❸，再度攪拌均勻。

3. 將1倒1/2入蛋糊鍋裡 ❹，攪拌均勻。

4. 再把3倒回牛奶鍋，邊煮邊攪拌 ❺，直到變濃稠為止 ❻。

5. 最後把4倒入另一個裝有奶油的鍋子 ❼，攪拌均勻 ❽。蓋上保鮮膜，冷卻之後，放入冰箱冷藏。

*Tips*
· 冰箱冷藏3天內吃完。
· 建議前一天做好，隔一天風味更佳。

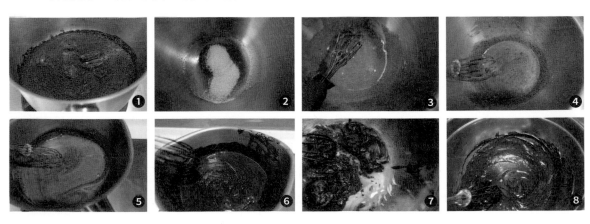

# 芋泥餡

## 材料

| | |
|---|---|
| 蒸熟的芋頭 | 200g |
| 奶油 | 15g |
| 細砂糖 | 32g |
| 鮮奶 | 20g |

## 作法

1. 芋頭切片,放入電鍋中蒸熟(或可隔水加熱蒸熟)❶。

2. 使用食物處理器,趁熱把蒸好的芋頭與其他材料混合均勻❷。

3. 待放涼之後,密封放入冰箱冷藏,3天內需使用完畢。

Tips
- 甜度可以依個人喜好調整,如果搭配鹹食,則可以提高甜度,風味會更具層次感。
- 芋泥可用於熱壓吐司或鯛魚燒都很適合。

# 地瓜餡

### 材料

蒸熟地瓜 ....................... 130g
細砂糖 ............................ 10g
奶油 ................................ 10g

### 作法

1. 將所有材料放入食物處理器中混合均勻，即完成❶❷。

# 烏龍茶糖漿

## 材料

水...................................50g
炭焙烏龍茶.....................3g
細砂糖...........................50g

## 作法

1. 將煮沸的熱水與茶葉在杯中一起浸泡約4-5分鐘左右，將茶葉濾掉，取出茶液 ❶。

2. 把茶液與細砂糖倒入小鍋中煮到沸騰，約1-2分鐘即可關火 ❷。

3. 放涼之後，放入冰箱冷藏。

Tips
· 茶葉可依個人喜好，改用一般紅茶或是伯爵茶取代。
· 有茶香的糖漿，很適合搭配鬆餅一起吃，味道更有層次。

# 手工麻糬

## 材料

糯米粉............................80g
水..................................120g
細砂糖...........................15g
油..................................少許

## 作法

1. 將全部材料放入攪拌盆中攪拌均勻❶，完成米漿。

2. 平底鍋預熱後，沾上一點點油，倒入米漿❷。

3. 待底部凝固之後，翻攪到麻糬煮熟❸。

4. 煮熟的麻糬呈現米白色，放到沾上少許油的盤子上，蓋上也沾了少許油的保鮮膜備用。

Tips
· 翻動麻糬的刮刀或鍋鏟，建議要抹少許油才不會沾黏。
· 建議當天吃完。

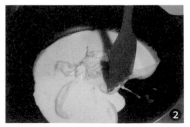

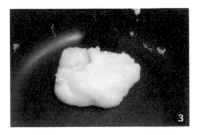

# Part 3

## 5分鐘
## 快速早餐

nomnom

## 快速早餐 準備攻略

媽媽們都知道，每天準備早餐跟打仗沒兩樣，如果因一個步驟錯了而拖延到時間，小孩就會在旁邊哀哀叫。不少媽媽們在睡前會在腦袋裡面先「預演」一次明天早餐的流程，如果覺得哪邊不順，有個萬一，還得再想個備案，並因此而睡不好。

大家不妨參考一下辣媽準備早餐的步驟，看了保證大家就能安心去睡覺了。

### 麵糊類：鬆餅／銅鑼燒／鯛魚燒

**前一天**

| 準備好麵糊 ⋯⋯▶ | 內餡份量分好 ⋯⋯▶ | 準備好鬆餅機 ⋯⋯▶ | 準備相關的小工具 |
|---|---|---|---|
| 將除了泡打粉以外的麵糊材料，依照食譜攪拌均勻（泡打粉太早放會失效，隔一天麵糊會不夠蓬鬆）。 | 如紅豆餡、麻糬餡可以先分好（卡士達醬不需要先分好）。 | 將小V先擺放在方便的位子，烤盤也換好。 | 如刷子（刷奶油）、夾子（夾出鬆餅）、刮刀（攪拌麵糊）。 |

**當天早上**

預熱鬆餅機 ⋯⋯▶ 麵糊加入泡打粉攪拌均勻 ⋯⋯▶ 預熱完成 ⋯⋯▶ 烤盤上塗抹奶油 ⋯⋯▶ 倒入麵糊 ⋯⋯▶ 完成

おいしい

# 麵糰類：比利時鬆餅

 yummy！yummy！

**前一天**

| 打好麵糰<br>直接入冷藏發酵 | ⇢ | 餡料準備好放在<br>保鮮盒裡面冷藏 | ⇢ | 將小V先擺放在方便<br>的位子，烤盤也換好 | ⇢ | 準備相關<br>的小工具 |
|---|---|---|---|---|---|---|
| | | | | | | 刷子（刷奶油）、<br>夾子（夾出鬆餅）、<br>刮板（分割麵糰用） |

**當天早上**

| 預熱鬆餅機 | ⇢ | 分割<br>麵糰 | ⇢ | 包入<br>內餡 | ⇢ | 烤盤上<br>塗抹奶油 | ⇢ | 倒入<br>麵糊 | ⇢ | 完成 |
|---|---|---|---|---|---|---|---|---|---|---|

## 麵糰類：麵包

### 前一天

打好麵糰 ⇒ 一次發酵 ⇒ 整形 ⇒ 二次發酵之後入冷凍庫 ⇒ 將小V先擺放在方便的位子，烤盤也換好 ⇒ 準備相關的小工具

刷子（刷奶油）、夾子（夾出麵包）。

### 當天早上

從冷凍庫取出麵糰 ┈⇒ 預熱鬆餅機 ┈⇒ 預熱完成 ┈⇒ 烤盤上塗抹奶油 ┈⇒ 放入麵糰 ┈⇒ 完成

— 38 —

## 吐司類：帕里尼／熱壓吐司

帕里尼與熱壓吐司的餡料比起其他早餐繁複些,前一天要準備的食材也
比較多,請大家參閱想要製作的食譜,一一對照是否有遺漏的食材。

yummy！yummy！

但其實裡頭要夾什麼餡料可以很隨興,即使少一樣也沒關係。另外,大
家也可根據冰箱中的現有食材,依照個人喜好自行搭配。

**前一天**

| 切好吐司 ⟶ | 準備餡料 ⟶ | 準備生菜 ⟶ | 準備好鬆餅機 ⟶ | 準備相關的小工具 |
|---|---|---|---|---|
| 確定吐司都已經切片,並放在小V旁。 | 熱炒的餡料先炒好,放在保鮮盒裡面,涼了之後可以入冰箱保存。 | 生菜部分先清洗好,脫水之後入保鮮盒,放在冰箱冷藏。如果是會氧化的蔬菜水果,切好之後,建議放在真空的保鮮盒儲存。 | | 刷子(刷奶油)、夾子(夾出麵包)。 |

**當天早上**

預熱鬆餅機 ⟶ 從冰箱取出需要的食材 ⟶ 預熱完成 ⟶ 烤盤上塗抹奶油 ⟶ 放上吐司、配料 ⟶ 完成

*Waffle* · 鬆餅

# 原味格子鬆餅

外酥內 Q，搭配上討喜的格子外型，一直以來，都是鬆餅界的扛霸子，無論是直接吃，還是淋上蜂蜜或是佐上一球冰淇淋，吃起來更具層次變化。

## 材料

| | | | |
|---|---|---|---|
| 雞蛋 ..................1顆 | 低筋麵粉...................100g |
| 細砂糖.........................20g | 無鋁泡打粉.................3.5g |
| 鮮奶...........................100g | 奶油.....些許（塗烤盤用） |
| 原味優格......................20g | |

| 烤盤 | 格子鬆餅 |
|---|---|
| 計時 | 3-4分鐘 |
| 片數 | 4片 |

## 作法

1. 取一大碗，打入雞蛋後用打蛋器打散，然後加入砂糖攪拌均勻❶，再倒入鮮奶與原味優格，攪拌均勻。

2. 接著過篩麵粉和無鋁泡打粉（如果麵粉有結塊現象，記得麵糊先過篩再使用）❷，繼續以打蛋器攪拌均勻❸❹，麵糊即完成。

3. 鬆餅機預熱完後，上下烤盤各塗上一層薄薄的奶油❺，倒入麵糊，蓋上鬆餅機，設定3-4分鐘即完成❻。

Tips
· 做好的麵糊建議於當天內使用完畢。
· 鬆餅可常溫保存2天。

*Waffle* · 鬆餅

# 巧克力格子鬆餅

濃郁的可可香氣，吃起來有點接近巧克力
蛋糕的特別口感。

## 材料

| | |
|---|---|
| 低筋麵粉........................ 85g | 細砂糖............................25g |
| 可可粉........................... 15g | 鮮奶.............................90g |
| 無鋁泡打粉....................3.5g | 高熔點巧克力豆.......... 些許 |
| 雞蛋...............................1顆 | 奶油...... 些許（塗烤盤用） |

| | |
|---|---|
| 烤盤 | 格子鬆餅 |
| 計時 | 3-4 分鐘 |
| 片數 | 4 片 |

## 作法

1. 將除巧克力豆外的所有材料放到攪拌杯中❶，直接用均質機將所有材料混合均勻❷。

2. 鬆餅機預熱完成之後❸，上下烤盤各塗上一層薄薄的奶油❹。

3. 倒入1的麵糊，撒上適量的巧克力豆❺，蓋上鬆餅機，設定3-4分鐘即完成❻。

Tips

若沒有調理機，可參考原味格子鬆餅的步驟製作。

*Waffle* · 鬆餅

# 抹茶紅豆格子鬆餅

抹茶和紅豆是點心界的最佳拍檔，微苦的抹茶加上略甜的紅豆，可說是剛剛好的美味。

## 材料

| | | | |
|---|---|---|---|
| 低筋麵粉 | 92g | 細砂糖 | 25g |
| 抹茶粉 | 8g | 鮮奶 | 85g |
| 無鋁泡打粉 | 3.5g | 蜜紅豆 | 適量 |
| 雞蛋 | 1顆 | 奶油 | 些許（塗烤盤用） |

| 烤盤 | 格子鬆餅 |
|---|---|
| 計時 | 3 分鐘 |
| 片數 | 4 片 |

## 作法

1. 麵粉、抹茶粉與泡打粉過篩備用**❶**。

2. 取一大碗，雞蛋打散，加入細砂糖，以刮刀攪拌均勻，再倒入鮮奶繼續攪拌均勻。

3. 接著倒入粉類（如果有結塊現象，記得要過篩），攪拌均勻**❷**。

4. 加入蜜紅豆攪拌均勻**❸**。

5. 鬆餅機預熱完成後，上下烤盤各塗上一層薄薄的奶油，倒入麵糊**❹**，蓋上鬆餅機，設定3-4分鐘即完成。

*Waffle* · 鬆餅

# 草莓格子鬆餅

用天然草莓乾打成粉製作出來的草莓鬆餅,帶著誘人的酸甜水果香氣,讓人不禁食指大動。

## 材料

| | | | |
|---|---|---|---|
| 低筋麵粉 | 85g | 砂糖 | 20g |
| 天然草莓粉 | 15g | 鮮奶 | 85g |
| 無鋁泡打粉 | 3.5g | 奶油 | 些許(塗烤盤用) |
| 雞蛋 | 1顆 | 融化的白巧克力 | 些許 |

| | |
|---|---|
| 烤盤 | 格子鬆餅 |
| 計時 | 3-4 分鐘 |
| 片數 | 4 片 |

## 作法

1. 秤量約15g的草莓乾❶，用食物處理器攪打成粉❷。

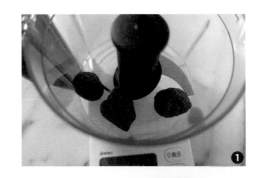

2. 放入除白巧克力外的所有材料❸，啟動處理器攪拌均勻❹。

3. 鬆餅機預熱完成後，上下烤盤各塗上一層薄薄的奶油，倒入2的麵糊，蓋上鬆餅機，設定3-4分鐘即完成。

4. 在烤好的鬆餅上，淋上融化的白巧克力。

*Tips*

若沒有調理機，可改用果汁機來打碎草莓乾，但因為粉末會無法全數倒出來，耗損會較多。粉打好之後，可參考原味格子鬆餅的步驟製作。

*Waffle*：鬆餅

# 麻糬格子鬆餅

在這款鬆餅中，麻糬並不是做為內餡的存在，而是融入鬆餅之中，酥脆中有著 Q 彈的絕妙口感，讓人忍不住一口接一口。

| 烤盤 | 格子鬆餅 |
|---|---|
| 計時 | 3-4 分鐘 |
| 片數 | 4 片 |

### 材料

雞蛋.........................1顆
細砂糖.....................20g
蜂蜜.........................20g
鮮奶........................100g
奶油.......25g（事先融化）
低筋麵粉..................100g

泡打粉.........................3g
麻糬....適量（參考P033）
奶油......些許（塗烤盤用）

### 作法

1. 取一大碗，雞蛋打散，之後加入細砂糖、蜂蜜、鮮奶及融化的奶油，以打蛋器攪拌均勻。

2. 分兩次加入過篩的麵粉和泡打粉❶，改以刮刀攪拌均勻❷（分次加入才不會結塊），完成麵糊。

3. 把麵糊靜置10-15分鐘。（若趕時間，可省略）

4. 鬆餅機預熱完成，上下烤盤各塗上適量奶油，倒入適量的麵糊❸，抓適量麻糬鋪上。

5. 蓋上蓋子，設定3-4分鐘即完成❹。

*Tips*

・做好的麵糊建議於當天內使用完畢。
・建議用沾過少量沙拉油的塑膠袋抓麻糬才不會沾黏。

*Waffle* · 鬆餅

# 蜂蜜堅果米鬆餅

養生又好吃，加入米穀粉的鬆餅，吃起來稍微 QQ 的，口感很特別，大家務必要試試看喔！

## 材料

| | | | |
|---|---|---|---|
| 雞蛋 | 1顆 | 蓬萊米穀粉 | 50g |
| 細砂糖 | 15g | 無鋁泡打粉 | 4g |
| 蜂蜜 | 15g | 綜合堅果碎 | 適量 |
| 鮮奶 | 80g | （腰果、南瓜子、核桃、葡萄乾……） | |
| 低筋麵粉 | 50g | 奶油 | 些許（塗烤盤用） |

| | |
|---|---|
| 烤盤 | 格子鬆餅 |
| 計時 | 3-4 分鐘 |
| 片數 | 4 片 |

## 作法

1. 取一大碗，雞蛋打散，之後加入細砂糖、蜂蜜，以打蛋器攪拌均勻，再加入鮮奶，繼續拌勻。

2. 加入過篩的麵粉、米穀粉與泡打粉❶，攪拌均勻，麵糊完成後會呈有點濃稠狀❷。

3. 鬆餅機預熱完成後，上下烤盤各塗上一層薄薄的奶油，倒入適量的麵糊，再撒上一些堅果碎❸。

4. 蓋上鬆餅機，設定3-4分鐘即完成。

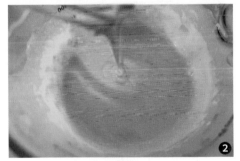

Tips

一定要在將麵糊倒入鬆餅機之後，再放入堅果，否則麵糊會變得不夠濃稠。

# 黑糖愛心
# 米鬆餅

這款鬆餅一定要趁剛烤好的時候吃，卡滋卡滋的口感，加了米穀粉，多了點 QQ 的感覺，非常好吃。

## 材料

| | |
|---|---|
| 雞蛋 .......................... 1顆 | 蓬萊米穀粉 ................ 50g |
| 黑糖 ......................... 30g | 無鋁泡打粉 ............... 3.5g |
| 鮮奶 ......................... 85g | 奶油 ..... 些許（塗烤盤用） |
| 低筋麵粉 ................... 50g | |

| | |
|---|---|
| 烤盤 | 愛心鬆餅烤盤 |
| 計時 | 3-4 分鐘 |
| 片數 | 2-3 盤 |

## 作法

1. 雞蛋打散❶，加入黑糖與鮮奶❷，攪拌均勻。

2. 加入過篩的低筋麵粉、米穀粉還有泡打粉，繼續攪拌均勻❸。

3. 鬆餅機預熱完成，上下烤盤各抹上少量的奶油❹。

4. 倒入適量的麵糊❺，蓋上蓋子，設定3分鐘即完成。

> *Tips*
> 在麵糊放上鬆餅機之後，還可以撒上適量的黑芝麻❻，烘烤
> 出來的鬆餅會更香更對味❼。

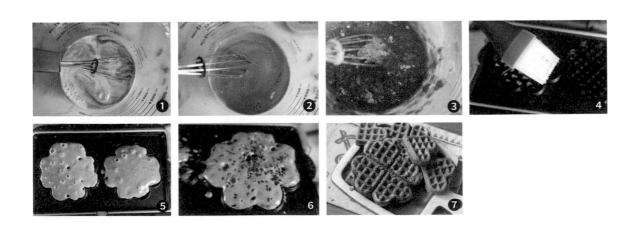

*Liege Wafflee* · 鬆軟比利時鬆餅

# 原味比利時鬆餅

比利時鬆餅又稱為烈日鬆餅，麵糰製作與麵包相似，外皮酥脆、內層還能咬到珍珠糖的顆粒，也吃得到天然的奶油香。

## 材料

| | | |
|---|---|---|
| 高筋麵粉 | 100g | 雞蛋 ......... 1顆 |
| 低筋麵粉 | 80g | 奶油 ......... 60g |
| 細砂糖 | 35g | 奶油 ...... 些許（塗烤盤用） |
| 速發酵母 | 3g | |
| 鮮奶 | 55g | |

## 包餡

珍珠糖 ................. 適量

## 作法

1. 先來嘗試直接發酵的方法（鹹甜口味都適用）。將除奶油外的所有材料放入麵包機，啟動【快速麵糰】模式（其他麵包機，則使用【麵包麵糰】模式）。待麵糰成團之後，投入奶油，之後讓麵包機繼續揉麵❶。

2. 麵糰發酵好之後，分割成8等份。

3. 每個麵糰各包入適量的珍珠糖❷。

4. 鬆餅機預熱完成後，上下烤盤各塗上適量奶油，兩邊個別放上一個麵糰❸蓋上蓋子，設定3-4分鐘即完成❹。

Tips

快速麵糰模式，已包含了揉麵與一次發酵60分鐘。

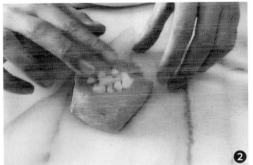

## 可冷藏發酵的 ——— 比利時鬆餅麵糰

本書所介紹的所有比利時鬆餅麵糰,皆可使用冷藏發酵(鹹甜口味都適用),材料請參考比利時鬆餅部分:

1.　將除奶油外的所有材料放入麵包機中,啟動【揉麵】模式(其他麵包機,則使用【烏龍麵糰】模式),等麵糰成糰之後,投入奶油。

2.　打好的麵糰,放入保鮮盒冷藏發酵,約8-10小時之後,完成基礎發酵,從冰箱取出,將麵糰分割成8等份。

3.　預熱鬆餅機,之後包餡料:
　　● 原味、巧克力及抹茶口味→包入適量的珍珠糖。
　　● 培根起司與蔥花肉鬆起司口味→個別包入不同餡料。

4.　鬆餅機預熱完成後,上下烤盤各塗上適量奶油,兩邊個別放上一個麵糰,蓋上蓋子,設定3-4分鐘即完成。

Tips
【揉麵】僅有揉麵,並不包含發酵。

*Liege Waffles* · 鬆軟比利時鬆餅

# 巧克力比利時鬆餅

除了珍珠糖外,有著可可香氣的巧克力比利時鬆餅,絕對是鬆餅大軍中不可缺少的一員。

## 材料

| | | | |
|---|---|---|---|
| 高筋麵粉 | 100g | 雞蛋 | 1顆 |
| 低筋麵粉 | 65g | 奶油 | 60g |
| 可可粉 | 15g | 奶油....些許（塗烤盤用） | |
| 細砂糖 | 35g | | |
| 速發酵母 | 3g | | |
| 鮮奶 | 55g | | |

| | |
|---|---|
| 烤盤 | 格子鬆餅 |
| 計時 | 3-4分鐘 |
| 片數 | 8片 |

## 包餡

珍珠糖........................適量

## 作法

1. 來嘗試直接發酵的方法。除奶油外的所有材料放入麵包機，啟動【快速麵糰】模式（其他麵包機，則使用【麵包麵糰】模式）。待麵糰成糰之後，投入60g奶油，之後讓麵包機繼續揉麵。

2. 麵糰發酵好之後❶，分割成8等份。

3. 每個麵糰各包入適量的珍珠糖❷。

4. 鬆餅機預熱完成後，上下烤盤各塗上適量奶油，兩邊個別放上一個麵糰❸，蓋上蓋，設定3-4分鐘即完成。

Tips
- 快速麵糰模式，已包含了揉麵與一次發酵60分鐘。
- 比利時鬆餅可前一天先做好，放涼之後，裝入保鮮盒中。隔一天早上用烤箱以180℃回烤3分鐘即可。

*Liege Wafflee* · 鬆軟比利時鬆餅

# 抹茶比利時鬆餅

想要有點變化，不妨添加抹茶粉，微苦中帶著甜香，是充滿大人風的鬆餅啊！

| 烤盤 | 格子鬆餅 |
| --- | --- |
| 計時 | 3-4 分鐘 |
| 片數 | 8 片 |

## 材料

| | | | |
| --- | --- | --- | --- |
| 高筋麵粉 | 100g | 雞蛋 | 1顆 |
| 低筋麵粉 | 70g | 奶油 | 60g |
| 抹茶粉 | 10g | 奶油 | 些許（塗烤盤用） |
| 細砂糖 | 35g | | |
| 速發酵母 | 3g | | |
| 鮮奶 | 55g | | |

## 包餡

珍珠糖.........................適量

## 作法

1.　來嘗試直接發酵的方法。除奶油以外的所有材料放入麵包機，啟動【快速麵糰】模式（其他麵包機，則使用【麵包麵糰】模式），麵糰成糰之後，投入所有的奶油，之後讓麵包機繼續揉麵。

2.　麵糰發酵好之後❶，分割成8等份。

3.　每個麵糰各包入適量的珍珠糖❷。

4.　鬆餅機預熱完成後，上下烤盤各塗上適量奶油，兩邊個別放上一個麵糰，蓋上蓋子，設定3-4分鐘即完成。

*Tips*

· 快速麵糰模式，已包含了揉麵與一次發酵60分鐘。

· 比利時鬆餅可前一天先做好，放涼之後，裝入保鮮盒中。隔一天早上用烤箱以180℃回烤3分鐘即可。

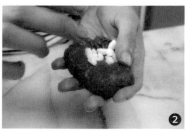

*Liege Wafflee* · 鬆軟比利時鬆餅

# 培根起司比利時鬆餅

除了甜口味，比利時鬆餅也可以拿來做成百吃不膩的鹹口味，讓人對每天的早餐充滿了期待。

**材料**

原味比利時鬆餅麵糰...1份
（參考P054）

**餡料**

培根切小片.................適量
莫札瑞拉起司............適量

| 烤盤 | 格子鬆餅 |
| --- | --- |
| 計時 | 3-4 分鐘 |
| 片數 | 8 片 |

**作法**

1. 來嘗試直接發酵的方法。將除奶油外的所有材料放入麵包機，啟動【快速麵糰】模式（其他麵包機，則使用【麵包麵糰】模式），麵糰成團之後，投入所有的奶油，之後讓麵包機繼續揉麵。

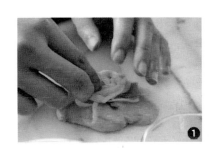

2. 麵糰發酵好之後，分割成8等份。

3. 每個麵糰包入適量的兩種餡料❶。

4. 鬆餅機預熱完成後，上下烤盤各塗上適量奶油，兩邊個別放上一個麵糰，蓋上蓋子，設定3-4分鐘即完成。

*Tips*

· 快速麵糰模式，已包含了揉麵與一次發酵60分鐘。
· 比利時鬆餅可前一天先做好，放涼之後，裝入保鮮盒中。隔一天早上用烤箱以180℃回烤3分鐘即可。

*Liege Wafflee* · 鬆軟比利時鬆餅

# 蔥花肉鬆比利時鬆餅

蔥花肉鬆是台式麵包中的經典口味,拿來製作成鹹口味的鬆餅也非常合適。

## 材料

原味比利時鬆餅麵糰...1份
（參考P054）

## 餡料

蔥花.............................適量
肉鬆.............................適量
莫札瑞拉起司............適量

| 烤盤 | 格子鬆餅 |
|---|---|
| 計時 | 3-4 分鐘 |
| 片數 | 8 片 |

## 作法

1. 來嘗試直接發酵的方法。將除奶油外的所有材料放入麵包機，啟動【快速麵糰】模式（其他麵包機，則使用【麵包麵糰】模式），麵糰成糰之後，投入所有的奶油，之後讓麵包機繼續揉麵。

2. 麵糰發酵好之後，分割成8等份。

3. 麵糰包入適量的三種餡料❶。

4. 鬆餅機預熱完成之後，上下烤盤各塗上適量奶油，兩邊個別放上一個麵糰，蓋上蓋子，設定3-4分鐘即完成。

*Tips*

· 快速麵糰模式，已包含了揉麵與一次發酵60分鐘。

· 比利時鬆餅可前一天先做好，放涼之後，裝入保鮮盒中。隔一天早上用烤箱以180℃回烤3分鐘即可。

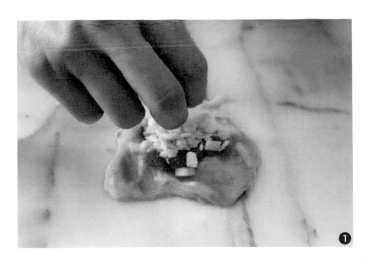

❶

# 烤起司煎餅

烤好的起司煎餅是一大片的，香香脆脆非常過癮，也很適合剪成條狀，吃起來會更方便。還可以搭配生菜沙拉，除了很對味外，也是很具飽足感的一餐。

| 烤盤 | 帕里尼 |
|---|---|
| 計時 | 5-7 分鐘 |
| 片數 | 4 片 |

## 材料

| | | | |
|---|---|---|---|
| 高筋麵粉 | 250g | 橄欖油 | 12g |
| 水 | 155g | 鹽 | 3g |
| 細砂糖 | 12g | 乳酪絲 | 適量 |
| 速發酵母 | 2.5g | | |

## 作法

1.　將除乳酪絲以外的所有材料放入麵包機，
　　【快速麵糰】模式（其他麵包機，則使用
　　【麵包麵糰】模式）。

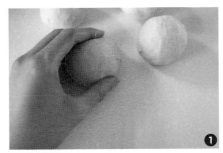

2.　取出麵糰分割成4等份，滾圓休息10分鐘❶。

3.　將麵糰❷擀成扁平狀，再以保鮮膜一個一個
　　分隔包起來❸，放入冷凍庫。

4.　隔天早上起床，小V預熱4分鐘之後，放上冷
　　凍麵糰❸，蓋起來加熱3-4分鐘。

5.　打開上蓋後撒上起司❹，再烤2-3分鐘，至表
　　面呈現金黃狀即完成❺。

*Tips*

‧快速麵糰模式包含揉麵與發酵共1小時。
‧冷凍麵糰不須退冰，可直接烤。

# 地瓜
# 烙餅

| | |
|---|---|
| 烤盤 | 銅鑼燒 |
| 計時 | 3-6 分鐘 |
| 片數 | 10 個 |

我超愛烙餅類的食品，出鍋後皮酥脆，又香又酥，搭配上裡面甜甜的地瓜餡，給人滿滿的幸福感。

## 材料

| | | | |
|---|---|---|---|
| 高筋麵粉 | 200g | 速發酵母 | 2g |
| 雞蛋 | 20g | 鹽 | 2g |
| 冰水 | 100g | 奶油 | 20g |
| 細砂糖 | 20g | 奶油 | 些許（塗烤盤用） |

## 餡料

地瓜餡 ....... 150g（請見P031）

## 裝飾

黑芝麻 .......................... 少量

## 作法 ▶

1. 把所有材料放入麵包機中，【快速麵糰】模式（其他麵包機，則使用【麵包麵糰】模式）（已包含揉麵＋一次發酵60分鐘）。

2. 取出麵糰，分成10等份，排氣滾圓後，讓麵糰休息10分鐘。

3. 取一麵糰拍平，包入15g的地瓜餡❶，收口捏緊❷，再度壓平後放到烘焙紙上，於溫度35℃左右發酵30分鐘。

4. 發酵好之後噴點水，蓋上保鮮膜，直接放入冷凍庫中❸（如果直接放入鬆餅機現烤，約3-4分鐘可完成）。

5. 隔天早上起來，預熱鬆餅機，將麵糰從冷凍庫取出，不需要退冰，預熱後即可直接烘烤。

6. 鬆餅機上下烤盤各塗上奶油❹，把麵糰放到鬆餅機中❺，灑點黑芝麻，蓋上蓋子（因為麵糰比較硬，無法蓋密合是正常的）❻。

7. 上蓋，設定5-6分鐘，至麵包邊邊感覺有彈性即完成。

Tips

· 若使用的是攪拌器，建議做兩倍的份量會比較好打。投入麵糰材料後，先以慢速打3分鐘，再調中速打4-6分鐘（每台機器皆不同，重點是要打出薄膜），之後放到室溫28℃的地方發酵60分鐘。

· 冷凍麵糰建議在3天內要烤完。

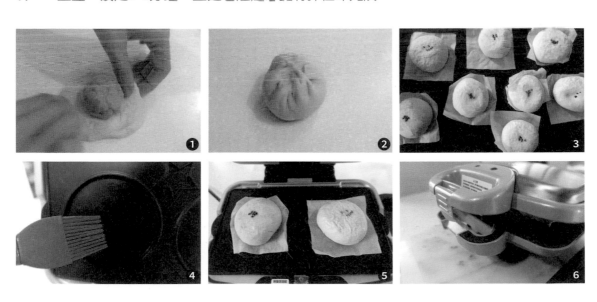

*Breade · 麵包*

# 巧克力麵包

| | |
|---|---|
| 烤盤 | 銅鑼燒 |
| 計時 | 4-5 分鐘 |
| 片數 | 10 片 |

濃郁的巧克力在冬天裡會帶給人足夠的熱量與精力，直接包成內餡，不沾手又好攜帶，是早餐的好選擇。

**材料**

| | | | |
|---|---|---|---|
| 高筋麵粉 | 185g | 速發酵母 | 2g |
| 無糖可可粉 | 15g | 鹽 | 2g |
| 奶粉 | 10g | 奶油 | 25g |
| 冰水 | 130g | 奶油 | 些許（塗烤盤用） |
| 細砂糖 | 20g | | |

**餡料**

巧克力豆 .. 50g（每個麵包5g）

## 作法

1. 將所有材料放入麵包機，啟動【快速麵糰】模式（其他麵包機，則使用【麵包麵糰】模式）（包含揉麵＋一次發酵60分鐘）。

2. 取出麵糰，分割成10等份❶，排氣滾圓後，讓麵糰休息10分鐘。

3. 取一麵糰拍平，包入5g巧克力豆❷，收口捏緊❸，再度壓平後放到烘焙紙上❹，於溫度35℃左右處發酵30分鐘。

4. 發酵好之後噴點水，蓋上保鮮膜，直接放入冷凍庫中（如果直接放入鬆餅機現烤，約3-4分鐘可完成）。

5. 隔天早上起來，預熱鬆餅機，將麵糰從冷凍庫取出，不需要退冰，預熱後即可直接烘烤❺。

6. 鬆餅機上下烤盤各塗上奶油，把麵糰放到鬆餅機中❻，蓋上蓋子（因為麵糰比較硬，無法蓋密合是正常的）。蓋上蓋子，設定5-6分鐘，至麵包邊邊感覺有彈性即完成❼。

*Tips*

· 若使用的是攪拌器，建議做兩倍的份量會比較好打。投入麵糰材料後，先以慢速打3分鐘，再調中速打4-6分鐘（每台機器皆不同，重點是要打出薄膜），之後放到室溫28℃的地方發酵60分鐘。

· 冷凍麵糰建議在3天內要烤完。

# 滿福堡

速食連鎖的滿福堡是早餐的熱門品項,這款用鬆餅機做出來的滿福堡口感會更 Q 一點,賣相完全不輸市售的。

| 烤盤 | 銅鑼燒 |
|---|---|
| 計時 | 4-5 分鐘 |
| 片數 | 9 個 |

## 材料

| | | | |
|---|---|---|---|
| 高筋麵粉 | 200g | 速發酵母 | 2g |
| 冰水 | 130g | 鹽 | 2g |
| 細砂糖 | 15g | 橄欖油 | 10g |

## 前一天

1. 所有材料放入麵包機，啟動【快速麵糰】模式（已經包含揉麵＋一次發酵60分鐘），其他麵包機，則使用【麵包麵糰】模式。

2. 取出麵糰，分割成9等份，排氣滾圓❶，休息10分鐘。

3. 用擀麵棍將麵糰擀平❷，之後放到烘焙紙上，休息10分鐘。

4. 將麵糰如圖所示地疊起來❸，然後放入塑膠袋裡面，直接放入冷凍庫。

## 當天

5. 隔天早上，鬆餅機預熱，將麵糰取出來放置於室溫回軟❹。

6. 預熱好之後，直接將麵糰放到鬆餅機上❺，不需要等到麵糰全解凍，蓋上蓋子約4-5分鐘，麵糰上色後即完成❻。

7. 可以準備喜歡的夾餡，我就會利用烤麵糰的時間以平底鍋煎蛋及火腿，等麵包好了，夾起來吃就很美味。

> ・如果是使用攪拌器，建議做兩倍的份量會比較好攪打。設定方式是投入所有麵糰材料，先慢速打3分鐘，然後中速4-6分鐘（每台機器皆不同 重點要打出薄膜），之後放到室溫28℃的地方發酵60分鐘。
> ・冷凍麵糰建議三天內要烤完。

— 73 —

*Panini* · 帕里尼

# BLT帕里尼

相較於外面貴鬆鬆的早午餐，可以使用自製的麵包或吐司，簡單搞定美味的帕里尼。酥香的麵包，清爽的口感，即使不加美乃滋，一點也不乾澀。

**材料**

雞蛋......................4顆　　牛番茄......................1顆
吐司......................8片　　培根......................2片
西生菜......................適量

| 烤盤 | 帕里尼 |
| --- | --- |
| 計時 | 3-4 分鐘 |
| 片數 | 4 份 |

**作法**

1. 雞蛋先打入平底鍋煎至9分熟或全熟（如果蛋黃太生過於流動，壓帕里尼的時候，蛋黃容易破掉外流，若不小心溢出到導熱管上，清洗會變得很麻煩）。培根煎熟備用。

2. 鬆餅機預熱後，放上吐司❶，生菜先用手擠壓一下再放到麵包上❷，這樣菜葉會比較平整，上方材料較好放置。

3. 放上培根、番茄❸、雞蛋❹，再放上麵包❺，蓋上蓋子，熱壓3-4分鐘即完成。

# 鴻禧菇起司帕里尼

鴻禧菇炒過後的味道很濃郁,與起司味道非常搭配,加上九層塔和紅醬的香氣,又是一頓豐盛的早餐。全蔬食的帕里尼也能很有飽足感,更方便的是只要在前一天準備好菇類,隔天就可以輕鬆快速地製作早餐。

| 烤盤 | 多用途吐司 |
|---|---|
| 計時 | 3-4 分鐘 |
| 片數 | 4 人份 |

**材料**

| | |
|---|---|
| 吐司 | 8片 |
| 番茄紅醬(市售) | 適量 |
| 莫札瑞拉起司 | 適量 |
| 九層塔 | 適量 |

**餡料**

| | |
|---|---|
| 鴻禧菇 | 1包 |
| 洋蔥絲 | 1/4顆 |
| 黑胡椒粉 | 適量 |
| 鹽 | 適量 |

## 前一天

1. 鴻禧菇去除底部後，剝成小塊，洋蔥切絲。

2. 平底鍋加熱，放入鴻禧菇翻炒到稍微出水，再倒入洋蔥一起翻炒❶。

3. 加入黑胡椒粉與鹽調味，盛裝至保鮮盒裡待放涼之後，放入冰箱保存。

## 當天

4. 預熱好鬆餅機，吐司上塗抹適量紅醬❷，放到烤盤上。

5. 鋪上一層鴻禧菇餡料，放上適量起司與九層塔❸，再放上一片塗好紅醬的吐司。

6. 蓋上蓋子，熱壓3-4分鐘即完成❹。

Tips

紅醬為罐裝番茄糊，可在超市購得，也可以用番茄醬代替，如果沒有，也可以省略。

*Panini* · 帕里尼

# 日式烤肉帕里尼

此款不但可以當成早餐，也很適合做為早午餐，份量十足。牛肉只要在前一天簡單醃漬，隔天稍微翻炒就能快速完成烤肉帕里尼，特別推薦給喜歡吃肉的朋友。

## 材料

吐司（或自製佛卡夏）... 8片
生菜.......................... 適量
番茄片........................ 4片
莫札瑞拉起司 ............. 適量

## 餡料

火鍋牛肉片 ............. 200g
鹽麴 ....................... 適量
日式醬油 ................. 適量

| 烤盤 | 多用途吐司 |
|---|---|
| 計時 | 3-4 分鐘 |
| 片數 | 4 人份 |

## 前一天

1. 將火鍋肉片與適量鹽麴抓醃❶，之後放入冰箱冷藏備用。

2. 生菜洗好，番茄片切好，裝在保鮮盒內放入冰箱冷藏備用。

## 當天

3. 平底鍋加熱，快速下牛肉片翻炒到熟，用適量日式醬油嗆一下就可以起鍋❷，再以剪刀剪成小塊❸。

4. 鬆餅機預熱完成，放上一片吐司，擺上適量的肉和起司❹，再疊上番茄及生菜，再放一片吐司❺。

5. 蓋上蓋子，熱壓3-4分鐘即完成❻。

### Tips

· 炒牛肉片的口味不妨調重一點，與其他食材搭配起來會比較好吃。

· 若使用自己做的佛卡夏，厚度約為4cm，切成適當的大小，再從中間剖開之後❼，放入鬆餅機中。

*Panini* · 帕里尼

# 酪梨蛋
# 帕里尼

這道帕里尼的靈魂就是美味簡單的酪梨抹醬，放上水煮蛋、番茄、酪梨。只需少許的鹽調味，蔬菜的自然香氣及酸甜都有了，吃得飽足又健康。

## 材料

吐司.........................8片
酪梨片...............約24片
番茄片.....................適量
水煮蛋切片...........4顆蛋

## 酪梨抹醬

台灣酪梨...............1/2顆
橄欖油.................10-15g
鹽.........................適量
檸檬汁.....................少許

| 烤盤 | 多用途吐司 |
| --- | --- |
| 計時 | 3-4分鐘 |
| 片數 | 4人份 |

## 作法

1. 將酪梨抹醬的所有材料放入攪拌器中❶，攪拌到質地細緻即可❷。

2. 鬆餅機預熱後，吐司上塗抹適量酪梨醬❸，放到烤盤上。

3. 水煮蛋切片❹，鋪上一層雞蛋片❺，然後放上酪梨片及番茄片❻，再放上一片塗有酪梨抹醬的吐司。

4. 蓋上蓋子，熱壓3-4分鐘即完成❼。

*Tips*
· 若想前一天先製作酪梨抹醬，可在製作完成之後，以真空保鮮盒保存，避免氧化。

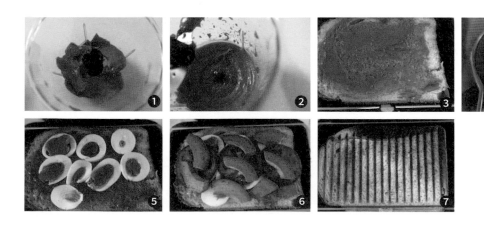

*Panini* · 帕里尼

# 法式甜吐司

沾滿蛋液的厚吐司，直接用鬆餅機加熱，搭配上香甜的草莓果醬與香濃的奶油，既是早餐，也很適合做為下午茶。

### 材料

蛋液..............雞蛋1顆+鮮奶60g+細砂糖10g
厚片吐司..............................................2片
有鹽奶油......................................適量
果醬......................................適量

| 烤盤 | 多用途吐司 |
| 計時 | 3-4 分鐘 |
| 片數 | 2 人份 |

### 作法

1. 將蛋液的所有材料全部放入攪拌盆中，以打蛋器攪拌均勻。

2. 鬆餅機先預熱，吐司雙面沾取適量的蛋液❶。

3. 鬆餅機預熱完成，將吐司放進去 ，熱壓3-4分鐘❷❸。

4. 在烤好的吐司上放上一小塊奶油，然後淋上一點點果醬，就可以上桌了。

*Tips*

如果想要吃到如店家販售的布丁口感吐司，可在前一天製作好蛋液，將吐司浸泡在蛋液裡一晚，隔天早上起來再熱壓，就是軟嫩的布丁吐司了。

*Panini ·* 帕里尼

# 法式吐司帕里尼

沾上滿滿蛋液的吐司,煎過之後,會變得更柔軟。搭配準備起來方便又簡單的火腿、起司和雞蛋,絕對是飽足又營養的一餐。

## 材料

| | |
|---|---|
| 蛋液 | 雞蛋1顆+鮮奶60g |
| 吐司麵包 | 4片 |
| 火腿 | 2片 |
| 起司 | 2片 |
| 雞蛋 | 2顆 |

| | |
|---|---|
| 烤盤 | 多用途吐司 |
| 計時 | 3-4 分鐘 |
| 片數 | 2-3 人份 |

## 作法

1. 將蛋液的所有材料全部放入攪拌盆中，以打蛋器攪拌均勻❶。

2. 鬆餅機先預熱，吐司沾取適量的蛋液❷，放到平底鍋上煎❸。

3. 然後將火腿與雞蛋一一煎熟。

4. 鬆餅機預熱完成，放上一片吐司，擺上火腿、起司和雞蛋❹，再放一層麵包❺。

5. 蓋上蓋子，熱壓3-4分鐘即完成。

*Tips*
也可以將步驟2的吐司直接放入鬆餅機裡，直接烤熟。

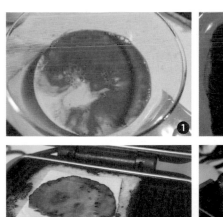

*Panini* · 帕里尼

# 巧克力香蕉核桃帕里尼

巧克力和香蕉的組合,又香又甜,堅果的味道又與巧克力的濃稠感極搭配,是孩子們喜歡的飽足早餐。

## 材料

吐司 ........................................ 8片
香蕉 ........................................ 適量
核桃碎 ..................................... 適量
巧克力榛果醬 ......................... 適量

| 烤盤 | 多用途吐司 |
| 計時 | 3-4分鐘 |
| 片數 | 4人份 |

## 作法

1. 預熱鬆餅機，此時可以先將還沒烘烤過的核桃碎放在裡面，一邊預熱，一邊烘烤❶。

2. 在吐司上塗抹適量的巧克力榛果醬❷。

3. 鬆餅機預熱完成，取出烤好的核桃碎，放上一片2的吐司，擺上適量的香蕉片與核桃碎❸，再放一片吐司❹。

4. 蓋上蓋子，熱壓3-4分鐘即完成。

*Tips*
· 堅果可依個人喜好更換。
· 如果堅果是已經烘焙過的，就不需要先放到鬆餅機裡面加熱。

*Hot pressed sandwich* · 熱壓吐司

# 泡菜牛肉冬粉
# 熱壓三明治

天氣一熱，胃口就不太好，這時候最適合來點酸辣爽口的韓式泡菜。粉絲吸飽了韓式泡菜與牛肉的味道，既開胃又飽足，還不用擔心熱量超標，讓人吃得巧又飽。

| 烤盤 | 方形吐司 |
| --- | --- |
| 計時 | 3-4 分鐘 |
| 片數 | 4 人份 |

**材料**

吐司 .......... 8 片

**餡料**

| | |
| --- | --- |
| 火鍋牛肉片 ..... 250g | 泡菜 ............... 適量 |
| 醬油 .......... 1/2 大匙 | （視狀況剪小塊） |
| 香油 .......... 1/2 大匙 | 開水 ............... 250g |
| 粉絲 ................ 2 把 | 青蔥末 ........... 適量 |

## 前一天

1. 把冬粉放入60℃的溫水中浸泡3分鐘
   ❶，取出後剪成小段瀝乾備用❷。

2. 將火鍋肉片剪小塊，放入小碗中與醬
   油和香油一起拌勻，醃約30分鐘。

3. 平底鍋熱了之後，放適量的油，將牛
   肉炒到約9分熟❸，撈起備用。

4. 將泡菜略炒出香味，倒入開水煮約3
   分鐘❹，煮出泡菜的香氣與風味。

5. 放入瀝乾水分的冬粉❺，煮到變透明
   就可以放入牛肉❻，青蔥末再拌炒一
   下就完成了❼。

6. 冷卻之後可以先放入保鮮盒冷藏，隔
   天備用。

## 當天

7. 鬆餅機預熱完後，上下烤盤各塗上一
   層薄薄的奶油❽。

8. 放上一片吐司❾，再放上餡料❿，留
   意餡料要往中間集中擺放，然後再放
   上一片吐司。

9. 熱壓約3-4分鐘即可。

Tips

餡料會剩下，可作為當日午餐享用。

# 時蔬熱壓吐司

經過週末的大吃大喝後，週一早上最適合來點清爽的料理，夾滿了甜美時蔬的熱壓吐司便是最好的選擇。

## 材料

吐司 ............................... 8片

| 烤盤 | 方形吐司 |
| --- | --- |
| 計時 | 3-4 分鐘 |
| 片數 | 4 份 |

## 餡料

| | | | |
| --- | --- | --- | --- |
| 櫛瓜 ............................. 1條 | 香草橄欖油 .................. 適量 |
| 甜椒 ........................... 1/2顆 | （增添香氣，可省略） |
| 洋蔥 ........................... 1/4顆 | 鹽 ................................. 適量 |
| 玉米筍 ......................... 4根 | 黑胡椒粉 ...................... 適量 |
| 橄欖油 ......................... 適量 | 乳酪絲 .......................... 適量 |

## 前一天

1. 櫛瓜滾刀切塊。甜椒與洋蔥切片。玉米筍切成3-4等份。

2. 平底鍋加熱，倒入適量橄欖油，先放入櫛瓜炒一下，再加入甜椒與洋蔥，最後放玉米筍。

3. 炒熟後再加入鹽、風味橄欖油（我用香草風味）及黑胡椒粉調味❶。

4. 這些料可在前一天準備好，因為蔬菜容易散開，建議先分裝在小杯子裡面❷，隔天就可以一份一份直接熱壓。

## 當天

5. 鬆餅機預熱後，放上吐司，倒入時蔬餡料，撒上多一點乳酪絲❸。蓋上蓋，設定3-4分鐘即完成❹。

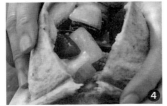

Tips

剩餘的內餡，可作為當日午餐享用。

*Hot pressed sandwich* · 熱壓吐司

# 薑汁燒肉熱壓吐司

日本傳統食堂菜薑汁燒肉是道非常下飯的料理，拿來夾在吐司裡熱壓，同樣開胃且不膩口，滿滿的蛋白質，是飽足的一餐

## 材料

西生菜 ..............................適量
吐司 ..........（約1-1.5cm厚）8片

豬肉火鍋片 ................250g
（我用梅花肉）
薑泥 .....................約1小匙

## 調味料

醬油 ..............................1.5大匙
（醬油鹹度不同，需自行調整）
米酒 ..............................1大匙

味醂 ...................... 1大匙
細砂糖 ...................... 10g

## 前一天

1. 西生菜洗乾淨，用脫水器瀝乾。可放在保鮮盒中冷藏隔天使用。

2. 將所有調味料混合均勻，記得細砂糖要多攪拌幾下才會溶解 ❶。

3. 平底鍋加熱，放入火鍋肉片，因為梅花肉具有油脂，所以不另外放油。

4. 肉炒熟了再倒入所有調味料 ❷ 攪拌拌勻。最後倒入薑泥熗一下 ❸。完成之後可以先放入保鮮盒，涼了再放入冰箱。

## 當天

5. 鬆餅機預熱後，放上吐司，放上薑汁燒肉 ❹，鋪上生菜，再放上一片吐司 ❺。上蓋，3-4分鐘即完成。

Tips
西生菜要稍微壓扁，會比較好放。

*Hot pressed sandwich* · 熱壓吐司

# 蔥花蛋肉鬆熱壓吐司

經典的台式口味，是老少通殺的必吃款。肉鬆與蔥花蛋的組合，百吃不膩。

## 材料

| | | | |
|---|---|---|---|
| 油 | 適量 | 肉鬆 | 適量 |
| 西生菜 | 適量 | 奶油 | 些許（塗烤盤用） |
| 吐司 | （約1-1.5cm厚）8片 | | |

| 烤盤 | 方形吐司 |
|---|---|
| 計時 | 3-4 分鐘 |
| 片數 | 4 份 |

## 蔥花蛋

雞蛋.............................3-4顆
蔥花.............................適量
鹽..............................適量

### 前一天

1. 將蔥花蛋的所有材料混合均勻，攪拌成蛋液。

2. 平底鍋加熱之後，倒入適量的油，倒入**1**的蛋液，約9分熟的時候，摺成蛋捲❶。切成4等份之後❷，放入保鮮盒冰起來。

3. 西生菜洗乾淨，脫水，放入保鮮盒冰起來。

### 當天

4. 鬆餅機預熱完成後，上下烤盤各塗上一層薄薄的奶油。

5. 放上吐司，將吐司先往下壓一下，先放一層肉鬆、一片蔥花蛋，然後放上生菜❸，再放一片吐司。上蓋，3-4分鐘即完成❹。

Tips
西生菜要稍微壓扁，會比較好放。

# 馬鈴薯培根吐司

馬鈴薯熱量不高，營養價值高，若不油炸成薯條，完全就是澱粉模範生，用來當成早餐再適合不過。

| 烤盤 | 三明治吐司 |
|---|---|
| 計時 | 3-4 分鐘 |
| 片數 | 4 人份 |

**材料**

吐司......8片（約1-1.5cm厚）
馬鈴薯泥...........................適量
乳酪絲...........................適量

**馬鈴薯泥**

馬鈴薯.............................200g
培根.............................兩片
奶油.............................10g
鮮奶.............................10g
鹽.............................適量
黑胡椒.............................適量

**前一天**

1.　馬鈴薯洗乾淨後，切片放入滾水中煮到熟❶，再撈起備用。

2.　培根剪成小片，放入平底鍋以小火煎香❷。

3.　將煮熟的馬鈴薯放入食物處理器中，再放入奶油、鮮奶、鹽
與黑胡椒❸，打到滑順❹。然後放入培根，簡單攪拌均勻。

4.　放涼之後裝入保鮮盒，送入冰箱冷藏隔天使用。

**當天**

5.　鬆餅機預熱後，放上吐司，挖入適量的馬鈴薯泥，撒上乳酪
絲❺。上蓋3-4分鐘即完成❻。

*Tips*

食譜使用的是澳洲馬鈴薯，如果使用不同品種的馬鈴
薯，鮮奶量要適度調整到馬鈴薯泥呈現滑順感為準。

*Hot pressed sandwich*· 熱壓吐司

# 芋泥肉鬆熱壓吐司

芋泥肉鬆吐司真是太好吃了，溫熱滑順的芋泥，搭配上肉鬆，整個吐司吃起來既夠味又不乾柴，有甜有鹹，滿滿的幸福感。

| 烤盤 | 方形吐司 |
| --- | --- |
| 計時 | 3-4 分鐘 |
| 片數 | 4 份 |

## 材料

吐司..........8片（約1-1.5cm厚）
芋泥.............260g（參考P030）
肉鬆....................................適量
奶油..............些許（塗烤盤用）

## 作法

1. 鬆餅機預熱完成之後，上面塗上一層薄薄的奶油。

2. 放上吐司，將吐司先往下壓一下，放上一層肉鬆，湯匙
   壓在肉鬆上再壓一次❶。

3. 再放上適量的芋泥❷，再放一片吐司❸。上蓋，3-4分鐘
   即完成。

> *Tips*
>
> ・吐司片如果比烤盤大，可先去邊之後，再放到烤盤
>   上，鬆餅機才能順利蓋起來。

*Hot pressed sandwich* · 熱壓吐司

# 花生麻糬
# 熱壓吐司

吐司經過熱壓，除了外皮酥香焦脆外，也讓裡頭的麻糬融化，變得超級軟 Q。而濃郁香醇的自製花生粉，豐富了吐司的口感，令人只想狂點讚。

### 材料

吐司 .... 8片（約1-1.5cm厚）

### 自製花生粉

原味去皮花生 .............. 100g
細砂糖 .......................... 25g

### 自製麻糬

糯米粉 ...................... 70g
水 ........................... 130g
細砂糖 ...................... 15g
油 ........................... 少許

| 烤盤 | 方形吐司 |
|---|---|
| 計時 | 3-4 分鐘 |
| 片數 | 4 份 |

### 前一天

1. 花生與細砂糖一起放入食物調理機中，打成花生粉❶，放入完全乾燥的玻璃罐放入冰箱保存。

2. 將所有的麻糬材料混合均勻❷，放到平底鍋加熱之後，待稍微凝固，炒到變熟❸（顏色會從白色變成米白）。

3. 保鮮盒先塗抹一層薄薄的油，再放入麻糬❹，冷了之後上蓋，入冰箱冷藏。

### 當天

4. 鬆餅機預熱後，放上吐司，鋪上一層花生粉。

5. 用沾過油的塑膠袋，取適量麻糬❺❻，撒上花生粉❼，再放上一層吐司。上蓋，設定3-4分鐘即完成。

Tips
麻糬用保鮮盒保存，隔一天仍是軟的，建議隔天要食用完畢。

# 抹茶麻糬紅豆
# 熱壓吐司

蜜紅豆搭配濃濃抹茶的麻糬，切面十足療癒，一口咬下滿滿的紅豆甜與抹茶香，甜度適中，外酥內軟，做早餐點心都合適。

**材料**

吐司（約1-1.5cm厚）........ 8片
蜜紅豆.................................. 適量

**自製麻糬**

抹茶粉.............................. 7g
糯米粉.............................. 70g
水 ....................................130g
細砂糖.............................. 25g
油 .................................... 少許

**前一天**

1. 將所有麻糬的材料混合均勻，平底鍋加熱之後❶放入材料，稍微凝固之後炒到熟❷。

2. 保鮮盒內裡先塗一層薄薄的油，再放入麻糬，冷卻之後上蓋，入冰箱冷藏。

**當天**

3. 鬆餅機預熱之後，放上吐司，先放一層蜜紅豆和適量麻糬❸，再放上蜜紅豆。上蓋，3-4分鐘即完成。

*Tips*

· 麻糬用保鮮盒保存，隔一天仍是軟的，建議隔天要食用完畢。
· 拿取麻糬時，建議用沾過少許食用油的塑膠袋，才不會沾黏。

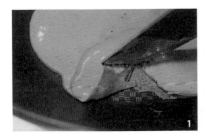

## Yakikasi・銅鑼燒

# 經典銅鑼燒

以銅鑼燒烤盤煎出來的銅鑼燒，顏色非常均勻漂亮，形狀也很美。如果嘗試過用平底鍋煎鬆餅的人，就會知道運用烤盤煎出來的就是特別美。

| 烤盤 | 銅鑼燒 |
|------|--------|
| 計時 | 2-3 分鐘 |
| 片數 | 8-9 片 |

## 材料

雞蛋..........2顆（約100g）
細砂糖......................30g
蜂蜜..........................20g
沙拉油...................... 10g
低筋麵粉..................100g
水................................30g
無鋁泡打粉.................. 3g
奶油......些許（塗烤盤用）

## 餡料

市售紅豆餡..................適量

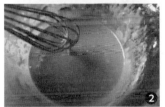

## 作法

1.　雞蛋打散，加入細砂糖、蜂蜜❶與沙拉油，攪拌均勻。

2.　接著加入過篩的低筋麵粉，攪拌均勻❷，再倒入水攪拌均勻，靜置至少20分鐘。

3.　鬆餅機預熱完成後，上下烤盤各抹上少量的奶油❸。

4.　將泡打粉加入麵糊裡，攪拌均勻，倒入適量的麵糊❹，蓋上蓋子之後，2-3分鐘即完成❺。

5.　再夾入適量的紅豆餡即可。

Tips

麵糊也可以前一天製作，只需要先完成步驟12，隔天早上起來，再加入泡打粉即可。

# 湯圓
# 鯛魚燒

之前在晨烤麵包中,曾經介紹過一款夾入市售湯圓的麵包,大受歡迎。這次則在小 V 中,嘗試把湯圓包入鯛魚燒裡成為爆漿鯛魚燒,滋味果然很特別,大家可以依據個人喜好選擇夾入的湯圓口味。

## 材料

| | | | |
|---|---|---|---|
| 雞蛋 | 50g | 低筋麵粉 | 100g |
| 細砂糖 | 15g | 無鋁泡打粉 | 3g |
| 鹽 | 1g | 沙拉油 | 20g |
| 鮮奶 | 50g | 奶油 些許（塗烤盤用） | |
| 水 | 50g | | |

| 烤盤 | 鯛魚燒 |
|---|---|
| 計時 | 4-5分鐘 |
| 片數 | 8個 |

## 餡料

湯圓 .......................... 8顆

## 作法

1. 取一大碗，打入雞蛋及砂糖打散後，以打蛋器拌勻，之後加入鹽、鮮奶和水，繼續攪拌均勻。

2. 接著加入過篩的低筋麵粉與泡打粉，再度攪拌均勻。

3. 接著倒入沙拉油攪拌均勻，麵糊即完成❶。建議靜置30分鐘之後，再開始煎。

4. 鬆餅機預熱完成後，上下烤盤各塗上一層薄薄的奶油❷。

5. 倒入部分麵糊（約模型1/2），均勻放入冷凍的包餡湯圓❸，再倒入少量麵糊。

6. 蓋上蓋子，設定約4-5分鐘即完成❹。

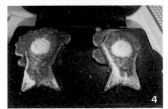

*Tips*

前一天做好麵糊備用，可參考P036快速早餐攻略。

*Yakikasi* · 鯛魚燒

# 香草卡士達
# 鯛魚燒

外酥內軟的鯛魚燒，比市售的更讓人放心。小小一口、三種不同的口味，最適合小朋友一口一個做為小點心。

| 烤盤 | 鯛魚燒 |
|---|---|
| 計時 | 4-5 分鐘 |
| 片數 | 8 個 |

**材料**

雞蛋 ......................50g
細砂糖 ....................20g
鹽 ...........................1g
鮮奶 ..................... 100g
融化奶油 .................20g
低筋麵粉 ............... 100g
無鋁泡打粉 ................3g
奶油.....些許（塗烤盤用）

**餡料**

卡士達醬 ................適量
（詳見P028）

## 現做麵糊

1. 雞蛋和砂糖放入攪拌盆中以打蛋器打散，攪拌均勻❶，之後加入鹽和鮮奶，繼續攪拌均勻。

2. 接著加入過篩的低筋麵粉與泡打粉，再度攪拌均勻。

3. 最後放入的融化奶油，攪拌均勻，麵糊即完成❷。

## 鯛魚燒作法

4. 鬆餅機預熱完成，上下烤盤各塗上一層薄薄的奶油❸。

5. 倒入部分麵糊（約模型的1/2）❹，均勻放入適量卡士達醬❺，再倒入少量麵糊❻。

6. 蓋上蓋子，設定約3-4分鐘，就完成了❼。

Tips

· 卡士達醬要前一天做好，隔天早上才能從容優雅。
· 覺得放卡士達醬不太順手的話，可裝入三明治袋或擠花袋後，剪一開口擠入。
· 前一天做好麵糊備用，可參考P036快速早餐攻略。

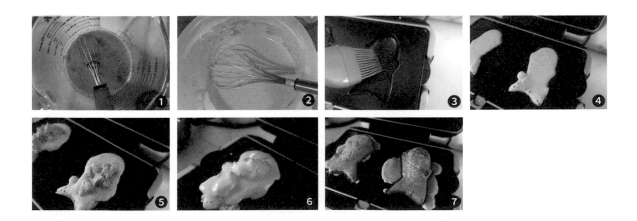

# 巧克力卡士達 鯛魚燒

特調的巧克力卡士達醬不會過份甜膩，滑順的口感搭配酥脆的外皮，是超級犯規的迷人滋味。

| 烤盤 | 鯛魚燒 |
|---|---|
| 計時 | 3-4 分鐘 |
| 片數 | 8 個 |

**材料**

雞蛋 ........................50g
細砂糖 ....................20g
鹽 ...........................1g
鮮奶 ...................... 100g
融化奶油 .................20g
低筋麵粉 .............. 100g
無鋁泡打粉 ................3g

**餡料**

巧克力卡士達醬 ....... 適量
（詳見P029）

## 現做麵糊

1. 雞蛋和砂糖放入攪拌盆中以打蛋器打散，攪拌均勻，之後加入鹽和鮮奶，繼續攪拌均勻。

2. 接著加入過篩的低筋麵粉與泡打粉，再度攪拌均勻。

3. 最後放入的融化奶油，攪拌均勻，麵糊即完成。

## 鯛魚燒作法

4. 鬆餅機預熱完成，上下烤盤各塗上一層薄薄的奶油。

5. 倒入部分麵糊（約模型的1/2），均勻放入適量巧克力卡士達醬❶，再倒入少量麵糊❷。

6. 蓋上蓋子，設定約3-4分鐘，就完成了。

Tips
・卡士達醬要前一天做好，隔天早上才能從容優雅。
・覺得放卡士達醬不太順手的話，可裝入三明治袋或擠花袋後，剪一開口擠入。
・前一天做好麵糊備用，可參考P036快速早餐攻略。

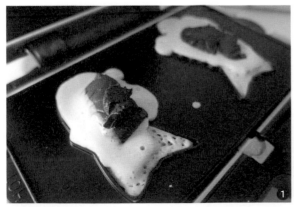
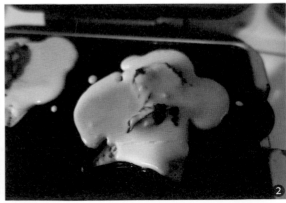

# 金莎巧克力鯛魚燒

金莎巧克力是孩子心中的夢幻甜點，小小一顆就有多重的口感與風味，拿來放在鯛魚燒內，無需另外做內餡，簡單方便又美味。

| 烤盤 | 鯛魚燒 |
|---|---|
| 計時 | 3-4 分鐘 |
| 份數 | 8 個 |

**材料**

雞蛋 ...................... 50g
細砂糖 ..................... 20g
鹽 ........................... 1g
鮮奶 ...................... 100g
融化奶油 ................. 20g
低筋麵粉 ............... 100g
無鋁泡打粉 ............... 3g

**餡料**

金沙巧克力 .............. 8顆

## 現做麵糊

1. 雞蛋和砂糖放入攪拌盆中以打蛋器打散，攪拌均勻，之後加入鹽和鮮奶，繼續攪拌均勻。

2. 加入過篩的低筋麵粉與泡打粉，再度攪拌均勻。

3. 最後放入的融化奶油，攪拌均勻，麵糊即完成。

*Tips*

烘烤之後，金沙巧克力外層會融化，是正常現象。

## 鯛魚燒作法

4. 鬆餅機預熱完成，上下烤盤各塗上一層薄薄的奶油。

5. 倒入部分麵糊（約模型的1/2），放入一顆金沙巧克力❶，再倒入少量麵糊。

6. 蓋上蓋子，設定約3-4分鐘，就完成了❷。

*Tips*

· 烘烤之後，金沙巧克力外層會融化，是正常現象。
· 前一天做好麵糊備用，可參考P036快速早餐攻略。

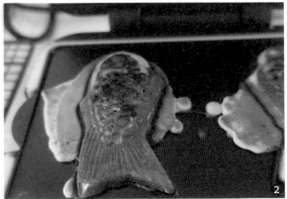

# 韓式海苔飯糰

烤好的飯糰表面具有鍋巴般的口感,帶點焦香味,口感脆脆的。搭配韓式海苔酥獨有的麻油香氣,無論大小孩都非常喜歡。

## 材料

白飯......3碗（約1.5杯米）
韓式海苔酥.................適量
香油......................1小匙
鹽.........................適量
熟白芝麻...................適量

| 烤盤 | 杯子蛋糕 |
| 計時 | 3-4 分鐘 |
| 片數 | 2-3 人份 |

## 作法

1. 拿一個不沾黏鍋（例如飯鍋），放入除熟白芝麻外的所有材料❶，混合均勻❷。

2. 鬆餅機預熱。

3. 拿一個乾淨的塑膠袋塗上適量的油，隔著塑膠袋抓取25-30g不等的米飯，捏成糰❸。

4. 鬆餅機預熱完之後，於烤盤上下兩面各塗抹適量的油。放入3的飯糰❹，蓋上蓋子，設定約3-4分鐘❺。

5. 取出後，撒上適量的熟白芝麻即完成。

*Tips*

・我習慣前一天先設定好電子鍋煮飯，隔天直接用熱飯製作飯糰。
・韓式海苔酥可在超市或大賣場購得。

# 和風培根玉米飯糰

鹹口的培根與甜口的玉米非常搭配,加上適量的日式鰹魚醬油,吃起來風味層次更飽滿。

| 烤盤 | 杯子蛋糕 |
|---|---|
| 計時 | 3-4 分鐘 |
| 片數 | 2-3 人份 |

## ▶ 內餡

白飯.....3碗(約1.5杯米)
培根切小片...............3片
玉米粒......................適量
鰹魚醬油..................適量
鹽..........................適量

## ▶ 醬汁

鰹魚醬油................1小匙
味醂......................1小匙
(兩者攪拌均勻)

## 作法

1. 將醬汁的兩項材料混合在一起,攪拌均勻備用。在平底鍋中放入培根片與玉米粒炒熟❶,加入適量的鹽調味。

2. 拿一個不沾黏鍋(例如飯鍋),將米飯、培根玉米及鰹魚醬油❷放入盆裡攪拌均勻❸。

3. 鬆餅機預熱。

4. 拿一個乾淨的塑膠袋塗上適量的油,隔著塑膠袋抓取25-30g不等的米飯,捏成糰❹。

5. 鬆餅機預熱完後,塗抹上適量的油❺,放入飯糰❻,蓋上蓋子,設定約3-4分鐘❼。

6. 表面塗抹上適量的醬汁❽,再上蓋,加熱1分鐘即可。

— Tips —

· 我習慣前一天先設定好電子鍋煮飯,隔天直接用熱飯製作飯糰。
· 如果來不及,步驟6可以省略。
· 使用一般鋼盆攪拌,使用前先塗抹上一層薄薄的油❾,米飯就不易沾黏。

# 香煎蔥花
# 甜甜圈飯糰

蛋香味十足,加上蔥花和白胡椒,吃起來表面脆脆香香的,帶點台式炒飯的風味。如果家裡還有很多剩飯不知道該怎麼辦時,不妨試試看這款好吃的飯糰喔!

## 材料

| | | | |
|---|---|---|---|
| 白飯.........300g（約1碗） | 鹽...............................適量 |
| 雞蛋...............................1顆 | 白胡椒粉.....................適量 |
| 蔥花...........................適量 | 油...............................適量 |

| 烤盤 | 甜甜圈 |
|---|---|
| 計時 | 3-4 分鐘 |
| 片數 | 2 人份 |

## 作法

1.   將所有材料放入大碗裡面❶，攪拌均勻❷。

2.   鬆餅機預熱完成之後，上下烤盤各塗上適量的油❸，取25g的**1**放入每一個甜甜圈模中❹。

3.   蓋上蓋子，約3-4分鐘，即完成❺。

Tips
調味可以依照個人喜好變化。

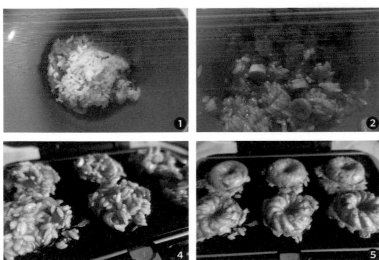

# 洋蔥牛肉米漢堡

酥香的鰹魚醬油口味烤飯糰,咬下去是清甜的洋蔥絲與充滿肉汁的牛肉片,滿足了味蕾的同時也暖了胃。

### 材料

| | |
|---|---|
| 米飯 | 510g |
| 鰹魚醬油 | 適量 |
| 生菜 | 適量 |

### 餡料

| | |
|---|---|
| 牛肉火鍋肉片 | 300g |
| 鰹魚醬油 | 適量 |
| 洋蔥絲 | 1/2顆 |

| | |
|---|---|
| 烤盤 | 銅鑼燒 |
| 計時 | 3-4分鐘 |
| 片數 | 6片（3人份） |

### 作法

1.　平底鍋加熱，放入火鍋肉片，然後放入洋蔥炒熟❶，再以鰹魚醬油調味❷，取出備用。

2.　塑膠袋沾上適量的油，抓取85g的白飯，捏成糰❸，要稍微捏的紮實一點。

3.　鬆餅機預熱完成之後，兩面各塗抹上適量的油❹，之後放入2的飯糰❺。

4.　蓋上蓋子，加熱約3-4分鐘，在表面再刷上鰹魚醬油，再度蓋上蓋子幾秒鐘，就可將米飯取出❻。

5.　在壓好的米飯中夾入生菜及牛肉，就完成囉！

**Tips**

· 壓飯糰的時候，不要將飯糰放在模具圓圈中央，盡可能將飯糰往機器中間放❺，這樣熱壓之後，米飯比較能在正中央。

· 熱壓好的飯糰，取出的時候建議用矽膠鍋鏟或刮刀輔助，形狀會比較完整。

市·售·鬆·餅·粉

# 鬆餅三明治

有時不想調配鬆餅粉時，直接買市售的鬆餅粉會方便很多。大多只需加入鮮奶與雞蛋就可以完成。

## 材料

市售鬆餅粉......1包（約200g）
雞蛋.. 1顆（依購買包裝建議）
鮮奶 .200g（依購買包裝建議）

## 餡料

培根................4片
雞蛋................3顆
生菜.............適量
鹽 ................適量
胡椒粉...........適量

| 烤盤 | 格子鬆餅 |
|------|----------|
| 計時 | 3-4 分鐘 |
| 片數 | 5-6 片 |

## 作法

1. 雞蛋打散在攪拌盆中，加入鮮奶，以打蛋器全部攪拌均勻❶。

2. 加入市售的鬆餅粉❷，攪拌均勻❸。

3. 鬆餅機預熱完成，兩面各塗上奶油後，倒入適量麵糊❹。

4. 蓋上蓋子，3-4分鐘完成❺。

5. 取一片烤好的鬆餅❻，鋪上煎好的培根及雞蛋❼，撒上適量的鹽與胡椒粉，放上一些生菜❽，最後再蓋上一片鬆餅。

6. 把5用烘焙紙包起來，左右旋轉的方式固定好❾，用麵包刀對切即完成❿。

*Tips*

- 不需要醬汁，只需以鹽和胡椒粉調味，吃起來清爽又可口。
- 也可以使用自己調製的鬆餅來製作三明治。調製鬆餅粉時，請大家詳閱鬆餅粉包裝，每家廠牌的比例都不一樣（本範例使用九州鬆餅粉）。

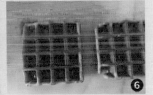

Part

4

8分鐘
午茶派對

tea time!

## 豐盛下午茶
### 準備攻略

孩子的同學來家裡開 party、一年一度的園遊會點心販售，或者難得的姊妹淘下午茶聚會，都是一下子需要準備大量小點心的時候。明明知道一次下來會有多累，但憑著一股衝動做出大量自己喜歡的點心，完成之後，不免也對自己很佩服。覺得自己很貪心，雖然很累，卻又享受著計畫與製作過程。

現在我們要將這個重責大任交給小 V，但只有一台小 V，該怎麼準備呢？

以下我已考量好成品可以存放的時間以及製作的程序，建議在 party 前 3 天，可以開始依序完成以下作品：

| 時間 | 品項 | 作法 |
|---|---|---|
| 前3天 | **水果塔**<br>P166 | 塔皮麵糰先製作好，放入冷凍。可在Party前一天烘烤塔皮與製作內餡，之後冷藏保存。 |
| | **檸檬塔**<br>**一口蛋塔**<br>**一口生巧克力塔**<br>P160/162/164 | 塔皮麵糰先製作好，放冷凍。可以在Party前一天烘烤塔皮與製作內餡，之後冷藏保存。 |
| | **一口鬆餅**<br>P152 | 可先將麵糰製作好，先冷凍，Party前隨時都可以烘烤。 |
| 前2天 | **炭焙烏龍瑪德蓮**<br>**伯爵茶瑪德蓮**<br>P140/p142 | 先製作麵糊（先不放泡打粉），隔天加了泡打粉之後，再烘烤。 |
| | **費南雪**<br>P130 | 製作好之後，常溫保存。 |
| 前1天 | **鯛魚燒**<br>P108～114 | 前一天麵糊製作（泡打粉除外的麵糊材料混合均勻），Party當天再烘烤。 |
| | **蕾絲餅**<br>P154/p156 | 製作好之後，常溫保存3天（一定要密封好，不然會因受潮而不酥脆）。 |
| | **甜甜圈**<br>**杯子蛋糕**<br>P144～P148/P132～P136 | 製作好之後，除了檸檬糖霜甜甜圈需冷藏之外，其他都可常溫保存3天。 |
| 當天 | **古早味雞蛋糕**<br>P138 | 麵糊當天現做現烤。 |

*Cake* · 蛋糕

## 蜂蜜
## 費南雪

這道甜點吃起來不容易掉屑，寓意又好，很適合天天穿西裝套裝的金融人士。形狀有如「金磚」，也很適合送禮哦！

## 材料

奶油.............................80g
蛋白..80g（約2顆雞蛋的蛋白）
細砂糖..........................40g

蜂蜜.............................15g
低筋麵粉........................32g
杏仁粉..........................40g

| 烤盤 | 費南雪 |
|---|---|
| 計時 | 3-4 分鐘 |
| 片數 | 8 個 |

## 作法

1. 把80g奶油放入小鍋裡，開小火煮到冒泡**❶**，漸漸地奶油會變成咖啡色，並且會出現一些渣渣，會有一股堅果香氣。

2. 濾掉1的渣，將奶油放入另一個容器中，放涼備用。

3. 取一打蛋盆放入蛋白、細砂糖與蜂蜜以打蛋器打散。然後將打蛋盆稍微隔水加熱，只要細砂糖融化即可離鍋。

4. 接著加入過篩的低筋麵粉及杏仁粉，攪拌均勻**❷**。

5. 再加入2（已經接近常溫的奶油），攪拌均勻就可以。

6. 鬆餅機預熱完成後，放入適量的麵糰。上蓋烘烤，設定3-4分鐘即完成。

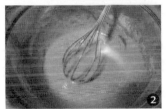
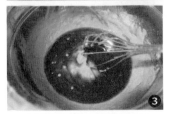

 Tips

· 麵糊份量一定要裝得像圖**❹**那樣的程度，烤起來形狀才會漂亮。

· 剛出爐的時候吃，外表會酥酥的，放涼後吃，就會變得濕潤柔軟。

· 剩下的蛋黃可以拿來做鳳梨酥、卡士達醬或是放到麵糰裡面攪拌。

· 費南雪的模具，相對沒那麼好找，選擇也不多，烘烤起來的色澤也不見得漂亮。使用小V的費南雪烤盤，烤起來既輕鬆又好看喔！

*Cake*·蛋糕

# 迷你原味
# 杯子蛋糕

超迷你的杯子蛋糕，淡淡的蛋香氣，讓人一口一個，完全停不下來。也可以擠上些鮮奶油，撒上些果乾，變化出更多的口味。

### 材料

奶油.........................50g
糖粉.........................40g
雞蛋..............50g（1顆）

低筋麵粉....................60g
泡打粉.........................2g

| 烤盤 | 杯子蛋糕 |
|---|---|
| 計時 | 3-4 分鐘 |
| 片數 | 約 16 個 |

### 作法

1.　若家中有食物處理器，可以把所有材料都放到食物處理器中，啟動約30-40秒，將所有材料混合均勻❶。

2.　將打好的麵糊裝入擠花袋中❷。

3.　鬆餅機預熱完成，把擠花袋剪個洞，擠上適量麵糊❸，約8分滿，蓋上蓋子，設定3-4分鐘即完成❹。

┌─ 手打麵糊的方式 ─────────────────┐

1. 奶油軟化打成羽毛狀，加入過篩的糖粉，以打蛋器打到完全均勻。
2. 雞蛋放在室溫回溫後，打散，分次加入**1**中，每次需攪拌至完全均勻，才繼續放入蛋液。
3. 接著倒入過篩的麵粉與泡打粉，攪拌均勻。
4. 完成的麵糊，便可以裝入擠花袋中使用了。
5. 烘烤的方式請參考食物調理器方式的步驟**3**。

└────────────────────────────┘

*Cake* · 蛋糕

# 迷你巧克力
# 杯子蛋糕

巧克力是甜點界的經典不敗款，濃郁的可可香加上迷你小巧的份量，不膩口又美味。

## 材料

| | | |
|---|---|---|
| 奶油 | 50g | 低筋麵粉 54g |
| 糖粉 | 40g | 無糖可可粉 6g |
| 雞蛋 | 50g（1顆） | 泡打粉 2g |

| 烤盤 | 杯子蛋糕 |
|---|---|
| 計時 | 3-4 分鐘 |
| 片數 | 約 16 個 |

## 作法

1. 若家中有食物處理器，可以把所有材料都放到食物處理器中，啟動約30-40秒，將所有材料混合均勻。

2. 將打好的麵糊裝入擠花袋中。

3. 鬆餅機預熱完成，把的擠花袋剪個洞，擠上適量麵糊 ❶，約8分滿，蓋上蓋子，設定3-4分鐘即完成 ❷。

> **Tips**
>
> 手打麵糊的方式可參考原味杯子蛋糕，在步驟3中多加入可可粉即可。

*Cake* · 蛋糕

# 迷你乳酪杯子蛋糕

乳酪加入蛋糕中，讓甜點的層次豐富起來，甜蜜中多了點鹹香的滋味，非常好入口。

## 材料

| | | | |
|---|---|---|---|
| 奶油 | 40g | 雞蛋 | 50g（1顆） |
| 糖粉 | 45g | 低筋麵粉 | 60g |
| 奶油乳酪 | 20g | 泡打粉 | 2g |

| | |
|---|---|
| 烤盤 | 杯子蛋糕 |
| 計時 | 3-4 分鐘 |
| 片數 | 約 16 個 |

## 作法

1. 所有材料放到食物處理器中，啟動約30-40秒，材料皆混合均勻即可。

2. 將打好的麵糊放到擠花袋裡。

3. 鬆餅機預熱完成後，擠花袋剪個洞，擠上適量麵糊，約8分滿，蓋上蓋子，計時3-4分鐘即完成（步驟圖可參考原味杯子蛋糕）。

*Tips*

手做麵糊可參考原味杯子蛋糕，在步驟1後加入加入軟化的奶油乳酪攪拌均勻，其他步驟皆一樣。

*Cake* · 蛋糕

# 迷你香蕉核桃杯子蛋糕

香蕉是台灣的特產之一，成熟時的香氣濃郁，很適合拿來做甜點。雖然外觀不如傳統西式甜點那樣漂亮，感覺比較樸實，但清爽不油膩，香甜的口味深受大人小孩喜愛。

## 材料

| | |
|---|---|
| 熟香蕉泥 .................... 100g | 低筋麵粉 ......................... 45g |
| 雞蛋 ............................. 25g | 無鋁泡打粉....................... 2g |
| 細砂糖 .......................... 30g | 核桃碎 ......................... 適量 |
| 沙拉油 .......................... 25g | |

| | |
|---|---|
| 烤盤 | 杯子蛋糕 |
| 計時 | 3 分鐘 |
| 片數 | 2 盤（16 個） |

## 作法

1. 選用熟透的香蕉❶，去皮後放在大碗中壓成泥狀❷。

2. 雞蛋與細砂糖以打蛋器打散，加入1的香蕉泥及沙拉油繼續攪拌均勻。

3. 接著倒入過篩的低筋麵粉與泡打粉，攪拌均勻。

4. 倒入核桃碎，攪拌一下，就完成麵糊了❸。

5. 將鬆餅機預熱完成後，將麵糊倒入，約模具的全滿❹，蓋上蓋，約3分鐘即完成。

*Tips*

· 這款蛋糕膨脹幅度不大，建議入模時，至少倒9分滿。
· 烤色不均勻也無所謂，美味度不變。

❶

❷

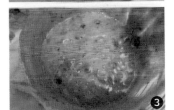

❸

❹

*Cake*・蛋糕

# 古早味 雞蛋糕

沒有任何添加劑，全天然食材的傳統配方，有著濃濃蛋香的雞蛋糕，現烤的古早味，酥香可口，一定要試看看。

| 烤盤 | 瑪德蓮 |
| --- | --- |
| 計時 | 2.5-3 分鐘 |
| 片數 | 4 人份 |

**材料**

低筋麵粉 ...................... 70g
奶油 ....... 25g（事先融化）
雞蛋 ............. 100g（2顆）
細砂糖 ...................... 35g

牛奶 .......................... 30g
奶油 ....... 少許（塗烤模用）

## 作法

1.　麵粉過篩備用❶，奶油加熱至融化。

2.　將雞蛋放入溫水中浸泡，至少恢復到常溫，因為全蛋中的蛋黃油脂含量高，若溫度過低，會很難打發。

3.　把雞蛋和細砂糖放入攪拌盆中❷，用電動攪拌器打到如圖將雞蛋糊拉起之後，紋路還能稍微停留❸。

4.　將攪拌器繼續啟動保持約中速，慢慢地倒入牛奶與融化的奶油，繼續攪拌均勻❹，如出現稍微消泡的狀況是正常的。

5.　預熱鬆餅機，分次加入過篩的低筋麵粉❺（分次加入，才不會結塊），用刮刀攪拌均勻❻。

6.　鬆餅機預熱完成之後，烤模上下兩面各塗上少量奶油❼，倒入比模具多一點點的麵糊❽，蓋上蓋子烤2.5-3分鐘即完成❾。

### Tips

・麵糊要現做現烤，不然會消泡，雞蛋糕會不膨鬆。

・如果沒有瑪德蓮烤盤，改用格子鬆餅烤盤烤，同樣非常好吃。

・麵糊刻意放多一點點，邊邊脆脆的部份，意外的好吃。

# 伯爵茶
# 瑪德蓮

我超愛帶有茶香的甜點，茶香不但能減低甜點的膩口度，還能增添不一樣的風味。這是一款大人風的甜點，簡單易做，又香又好吃。

| | |
|---|---|
| 烤盤 | 瑪德蓮 |
| 計時 | 3 分鐘 |
| 片數 | 約 32 個 |

**材料**

鮮奶 ..................... 60g
伯爵茶茶包 ......... 1.5個
無鹽奶油 ............... 60g
蛋 ........................ 1顆

細砂糖 ................... 60g
泡打粉 ................... 2g
低筋麵粉 ............... 75g

## 作法

1. 將鮮奶倒入小鍋中加熱，放入1包伯爵茶包，浸泡約3-4分鐘❶，取出茶包備用。

2. 奶油倒入小碗以微波融化之後，放涼備用。

3. 蛋打散，加入細砂糖，充分攪拌均勻❷。

4. 倒入奶茶❸，再攪拌均勻。。

5. 再放入過篩的泡打粉、麵粉❹，以及半包的伯爵茶葉❺攪拌均勻。

6. 最後加入融化好的無鹽奶油❻，並攪拌均勻。

7. 靜置10-20分鐘，蛋糕會更好吃。

8. 將麵糊倒入烤模，記得約9分滿就好❼，蓋上蓋子，約3分鐘即完成❽。

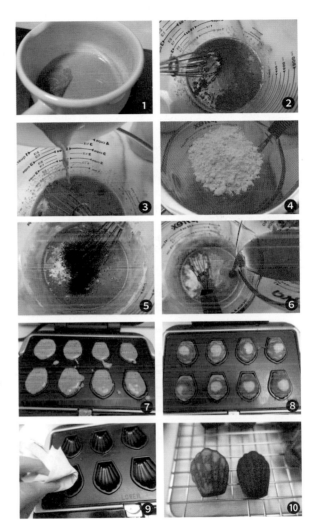

Tips

烤完第一盤，請檢察烤盤內是否有多餘的油脂殘留，如果有，請擦拭乾淨❾，才不會造成下一盤烤出來的烤色不均❿。

*Cake* · 蛋糕

# 炭焙烏龍茶瑪德蓮

一般添加茶元素的西點以紅茶為主，這次則選用了台灣烏龍茶來搭配，淡淡的茶香平衡了奶油的味道，吃起來甜而不膩，配著茶一起品嘗更是完美。

| 烤盤 | 瑪德蓮 |
| --- | --- |
| 計時 | 3-4 分鐘 |
| 片數 | 約 24 個 |

## 材料

| | |
| --- | --- |
| 雞蛋 .......... 1顆（50g） | 烏龍茶粉 ................. 3g |
| 細砂糖 ..................... 45g | 融化奶油 ................ 55g |
| 低筋麵粉 ............... 50g | 泡打粉 ................. 2.5g |

## 前一天

1. 雞蛋打散，加入細砂糖攪拌均勻❶。

2. 接著加入過篩的低筋麵粉及茶粉，一起攪拌均勻❷。

3. 倒入融化的奶油❸，攪拌均勻❹，蓋上蓋子，放入冰箱冷藏到隔天。

## 當天

4. 製作前，先將鬆餅機預熱，取出麵糊加入泡打粉後，攪拌均勻❺。

5. 將麵糊倒入擠花袋裡❻。

6. 鬆餅機預熱好之後，擠入適量麵糊❼❽，蓋上蓋子，設定3-4分鐘即完成❾。

*Tips*

· 靜置的作用是讓蛋糕風味更融合，吃起來更美味。

· 若無碳焙烏龍茶粉，不妨試試抹茶粉，可以做出不同風味的蛋糕。

# 奶香甜甜圈

簡單就能做出可愛迷你的甜甜圈，最適合做為孩子的下午茶點心，不油不膩，奶香十足。

| 烤盤 | 甜甜圈 |
| 計時 | 2-3 分鐘 |
| 片數 | 24 個 |

## 材料

| | |
|---|---|
| 雞蛋 .......................... 1顆 | 泡打粉 ..................... 2.5g |
| 細砂糖 ..................... 25g | 融化奶油 ................. 15g |
| 鮮奶 ......................... 25g | 奶油... 些許（塗烤盤用） |
| 低筋麵粉 ................. 60g | |

## 作法

1.　雞蛋打散，加入細砂糖，以打蛋器攪拌均勻 。

2.　接著加入鮮奶，攪拌均勻❷。

3.　將所有粉類（低筋麵粉及泡打粉）過篩到2中❸，留意每一步驟都要攪拌均勻。

4.　放入融化奶油，繼續攪拌均勻❹，完成麵糊。

5.　把麵糊倒入擠花袋中❺，鬆餅機預熱，兩面烤盤各塗上少量奶油。

6.　擠花袋剪出小洞，擠上適量麵糊❻，上蓋烤約2.5分鐘就完成了❼。

Tips
- 開蓋時，甜甜圈可能會黏在上面，這很常見，只需要輕輕地取下來就好。
- 常溫可以放3天，請早點食用完。

# 巧克力甜甜圈

小巧可愛的巧克力甜甜圈做法超簡單，少了油炸，多了健康，不油不膩，真的很好吃。

## 材料

| | | | |
|---|---|---|---|
| 雞蛋 | 1顆 | 泡打粉 | 2.5g |
| 細砂糖 | 25g | 可可粉 | 10g |
| 鮮奶 | 25g | 融化奶油 | 15g |
| 低筋麵粉 | 50g | | |

| 烤盤 | 甜甜圈 |
|---|---|
| 計時 | 2-3 分鐘 |
| 片數 | 24 個 |

## 作法

1. 雞蛋打散,加入細砂糖,以打蛋器攪拌均勻❶。

2. 接著加入鮮奶,攪拌均勻❷。

3. 將所有粉類(低筋麵粉、泡打粉及可可粉)過篩到2中❸,然後加入融化的奶油繼續攪拌,留意每一步驟都要攪拌均勻,完成麵糊。

4. 把麵糊倒入擠花袋中❹,鬆餅機預熱,上下烤盤各塗上少量奶油。

5. 擠花袋剪出小洞,擠上適量麵糊❺,上蓋烤2.5分鐘就完成❻。

Tips
· 放入擠花袋中,比較容易精準控制麵糊量。
· 常溫可以保存三天,請儘早食用完。

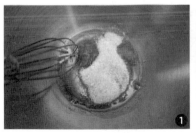

*Cake* · 蛋糕

# 檸檬糖霜甜甜圈

這是一款可以冰冰吃的甜甜圈,微酸清爽的味道,超級適合夏天!

| 烤盤 | 甜甜圈 |
|---|---|
| 計時 | 2-3 分鐘 |
| 片數 | 24 個 |

**材料**

奶油..........................40g
糖粉..........................40g
雞蛋..........................50g
低筋麵粉....................50g
泡打粉.................... 1.5g
檸檬汁....................8g

**檸檬糖霜**

檸檬汁.........................10g
糖粉...........................50g

## 作法

1. 奶油放置室溫軟化後打成羽毛狀，加入過篩的糖粉，以打蛋器打到完全均勻❶。

2. 雞蛋放在室溫退涼之後，打散，分次放入1中，每次攪拌完全均勻之後，才再加入蛋液❷。

3. 接著加入將過篩的麵粉與泡打粉，攪拌均勻❸。

4. 然後加入檸檬汁，再度攪拌均勻。

5. 鬆餅機預熱，將蛋糕糊放入擠花袋裡面，剪出一個洞❹，擠入適量的麵糊❺，蓋上蓋子，約2-3分鐘就可以完成。

6. 檸檬糖霜材料混合均勻，裝入擠花袋中。

7. 等甜甜圈涼了之後❻，擠上適量的糖霜❼，可再刨一點檸檬皮削增添風味。

Tips

如果有食物處理器，則可將所有蛋糕材料放入處理器攪拌均勻，取代作法1~4。

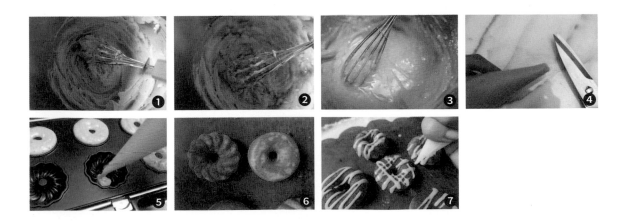

Cake · 蛋糕

# 抹茶紅豆半月燒

抹茶與紅豆真的非常搭，半月燒的烤色也真的好美，佐上香甜的紅豆，是超棒的下午茶。

| 烤盤 | 銅鑼燒 |
|---|---|
| 計時 | 2-3 分鐘 |
| 片數 | 6 片 |

**材料**

雞蛋.............50g（1顆）
細砂糖......................25g
鮮奶......................35g
沙拉油........................5g
低筋麵粉..................50g

無鋁泡打粉.................2g
抹茶粉........................3g

**餡料**

市售紅豆餡............150g

## 作法

1. 雞蛋以打蛋器打散，加入細砂糖、鮮奶與沙拉油❶，攪拌均勻。

2. 加入過篩的低筋麵粉、泡打粉與抹茶粉攪拌均勻❷。

3. 鬆餅機預熱完成後，上下烤盤各抹上少量的奶油。

4. 倒入適量的麵糊❸，蓋上蓋子，2-3分鐘即完成❹。

5. 每個半月燒上方，放上25g搓成長條的紅豆餡❺。

6. 之後用刮刀輕輕的把半月燒拿起來，隔著烘焙紙用手對折❻，稍微涼後，形狀就固定了。

Tips

請勿過度烘烤，蓋上蓋子後切勿烤超過4分鐘，如果抹茶餅皮烤得太乾，會影響塑形。

# 奶香、抹茶及巧克力一口鬆餅

外酥內軟的小鬆餅,比市售的更讓人放心。小小一口、三種不同的口味,最適合小朋友一口一個做為小點心。

| 烤盤 | 方形格子鬆餅 |
|---|---|
| 計時 | 3-4 分鐘 |
| 份數 | 約 20 顆 |

**奶香材料**

奶油 ........... 50g
糖粉 ........... 45g
雞蛋 ........... 24g
奶粉 ........... 10g
低筋麵粉 .... 100g
泡打粉 ........... 2g

**抹茶材料**

奶油 ........... 50g
糖粉 ........... 45g
雞蛋 ........... 22g
抹茶粉 ........... 5g
低筋麵粉 ..... 95g
泡打粉 ........... 2g

**巧克力材料**

奶油 ........... 50g
糖粉 ........... 45g
雞蛋 ........... 26g
可可粉 ........... 10g
低筋麵粉 ....... 90g
泡打粉 ........... 2g

## 作法

1.　奶油打軟，加入糖粉後，以打蛋器攪打到均勻❶。

2.　雞蛋打成蛋液，加入**1**中攪拌均勻。

3.　接著加入奶粉（抹茶粉或可可粉）、過篩的低筋麵粉與泡打粉
　　❷。

4.　壓成麵糰之後，用保鮮膜包起來❸，塑形成長方形❹，進冰箱
　　冷藏30分鐘。

5.　分割成數個四方形❺，每個約10g重，搓圓❻。

6.　鬆餅機預熱完成後，放入8個麵糰❼。上蓋烘烤約4分鐘❽即完
　　成。

---

*Tips*

・當天吃口感是鬆鬆酥酥的，表面稍微脆脆的，很好吃，隔天吃會變軟，放
　入烤箱以160℃回烤2-3分鐘，就會恢復酥脆感。
・請放入保鮮盒保存，常溫可放3天。

---

# 原味蕾絲餅

酥脆好吃，可以單吃，也可以塑形成冰淇淋杯來使用。
這是小V非常經典的點心，一定要試看看。

## 材料

| | | | |
|---|---|---|---|
| 奶油 | 40g | 低筋麵粉 | 52g |
| 糖粉 | 35g | 奶粉 | 3g |
| 蛋白 | 40g | | |

| | |
|---|---|
| 烤盤 | 法式蕾絲 |
| 計時 | 3-4 分鐘 |
| 份數 | 4-5 片 |

## 作法

1. 發酵奶油放置在室溫待軟化,與過篩後的糖粉一起放入盆中攪拌均勻❶。

2. 分次加入蛋白,攪拌均勻❷,至麵糊有點流動感❸。

3. 加入過篩的麵粉及奶粉❹。

4. 鬆餅機預熱完成,用冰淇淋勺挖出❺一個約35g的麵糊,放在模型中央❻。

5. 蓋上蓋子,設定3-4分鐘即完成。

Tips

· 若想要做成冰淇淋捲筒,可在烤完之後,趁熱用棉手套拿起餅乾,用手折彎成捲筒狀❼。
· 剩下的蛋黃可拿來製作卡士達醬或鳳梨酥,以免浪費。

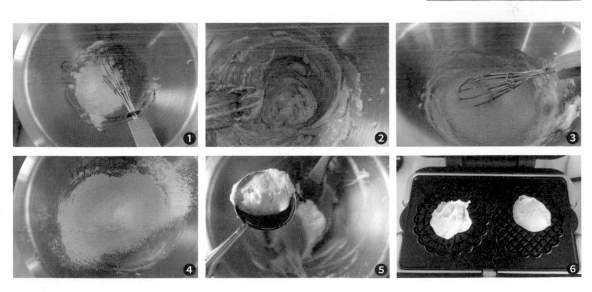

# 抹茶蕾絲餅

香脆的蕾絲餅也很適合製作成抹茶口味,薄薄脆脆的,一片接著一片,讓人完全停不下來。

## 材料

奶油..............................40g
糖粉..............................35g
蛋白..............................40g
低筋麵粉.......................50g
抹茶粉..........................4g

| 烤盤 | 法式蕾絲 |
| --- | --- |
| 計時 | 3-4 分鐘 |
| 份數 | 約 4-5 片 |

## 作法

1. 將所有材料放入食物處理器中❶，攪拌均勻❷，完成麵糊。

2. 用冰淇淋勺挖出約35g的麵糊❸，放入在模型的中央❹。

3. 蓋上蓋，設定3-4分鐘完成❺。

Tips
・如果想要做成冰淇淋杯子，可在烤完之後，用棉手套拿起餅乾，用手折彎。
・剩下的蛋黃可用來做卡士達醬或鳳梨酥。

 Cookies · 餅乾

# 香脆吐司條

市售的吐司有大有小,在製作熱壓吐司時,如果太大片,建議去邊後才放進烤盤上。而剩下的吐司邊,則可在我們的簡單料理後,變身為超受歡迎的團購零嘴。

## 材料

吐司邊..................... 適量
融化奶油 ................. 適量
細砂糖..................... 適量

| 烤盤 | 法式蕾絲 |
|------|----------|
| 計時 | 3-4 分鐘 |
| 份數 | 隨意 |

## 作法

1. 將奶油融化後，塗抹適量在吐司邊上❶，之後沾上適量的細砂糖❷。

2. 鬆餅機預熱好後，將吐司邊放到上面❸，上蓋，3-4分鐘，吐司酥脆後即完成❹。

*Tips*

細砂糖沾太少，絕對會後悔喔！

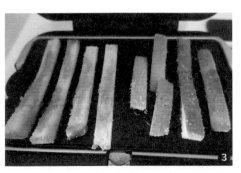

# 法式檸檬塔

塔皮香濃酥脆，有著天然的清香檸檬奶油餡，吃起來酸酸甜甜，風味迷人。

| 烤盤 | 迷你塔皮 |
| --- | --- |
| 計時 | 3-4 分鐘 |
| 片數 | 16 個迷你塔 |

### 塔皮材料

| | |
| --- | --- |
| 無鹽奶油 | 55g |
| 糖粉 | 35g |
| 低筋麵粉 | 100g |
| 奶粉 | 4g |
| 鹽 | 1g |
| 全蛋 | 10g |
| 鮮奶 | 15g |

### 法式檸檬醬

| | |
| --- | --- |
| 檸檬汁 | 50g |
| 雞蛋 | 50g（約1顆） |
| 細砂糖 | 40g |
| 奶油 | 60g |
| （切小塊放在室溫軟化） | |

### 裝飾

| | |
| --- | --- |
| 檸檬皮屑 | 少許 |

## 塔皮作法

1. 奶油放入攪拌盆中打軟,再加入糖粉,以打蛋器打到均勻❶。

2. 全蛋打散倒入鮮奶攪拌均勻,分次加入 1 中,攪拌均勻❷。

3. 然後加入奶粉、過篩的低筋麵粉❸,壓成麵糰之後,放進冰箱冷藏30分鐘❹❺。

4. 將麵糰分割成11-12g一個,搓圓(第一次做的朋友,建議用12g比較容易滿模)。

5. 鬆餅機預熱完成後,放入麵糰❻,將上蓋壓到底,約2-3分鐘即完成❼,視情況修剪塔皮❽。 完成後再來做法式檸檬醬。

## 法式檸檬醬作法

6. 檸檬汁、雞蛋與細砂糖放入鍋中,一起攪拌均勻❾。

7. 一邊攪拌,一邊隔水加熱到稍呈凝固狀,就離火❿。

8. 分2-3次,加入奶油攪拌均勻⓫。

9. 趁熱到入塔模內,左右搖晃到平整均勻。

10. 涼了之後,放入冰箱冷藏約1小時,撒上檸檬皮屑做裝飾並增加香氣,就完成了。

Tips
若檸檬醬不慎煮到結塊,請以篩網過篩即可。

# 一口台式蛋塔

每一種蛋塔各自有其擁戴者，台式蛋塔中間嫩嫩甜甜像布丁，塔皮香而厚實，是傳統麵包店中最令人懷念的甜蜜滋味。

| 烤盤 | 迷你塔皮 |
|---|---|
| 計時 | 3-4 分鐘 |
| 片數 | 約 16 個 |

## 塔皮材料

無鹽奶油 ................55g
糖粉 ......................35g
低筋麵粉 ...............100g
奶粉 .......................4g
鹽 .........................1g
雞蛋 ......................10g
鮮奶 ......................15g

## 奶蛋液

鮮奶 ....................100g
細砂糖 ...................18g
雞蛋 .......50g（約1顆）

## 作法

1. 奶油放入攪拌盆中打軟，再加入糖粉，以打蛋器打到均勻❶。

2. 雞蛋打散倒入鮮奶攪拌均勻，分次加入1中，攪拌均勻❷。

3. 然後加入奶粉、過篩的低筋麵粉，壓成麵糰之後，放進冰箱冷藏30分鐘。

4. 將麵糰分割成11-12g一個，搓圓（第一次做的朋友，建議用12g比較容易滿模）❸。

5. 鬆餅機預熱完成後，放入麵糰❹，將上蓋壓到底，約2-3分鐘即完成❺。

6. 待5放涼之後，將邊緣多餘的部分修剪好。

7. 將所有奶蛋液材料混合均勻❻，過篩之後❼，蛋液變得更細滑❽。

8. 將適量奶蛋液倒入塔皮裡面❾，放入烤箱以170℃烘烤10-11分鐘，至蛋液凝固即可。

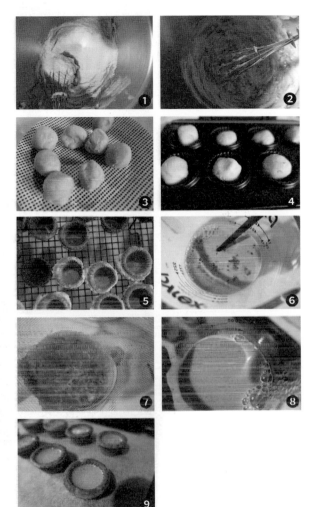

Tips

由於塔皮還要再進烤箱一次，建議鬆餅機設定的烘烤時間比生巧克力塔短一些，如❺的淺色狀態會比較適合。

# 一口生巧克力塔

不甜不膩，口感微軟的生巧克力，是不少 OL 的最愛。使用生巧克力做為內餡的迷你塔，絕對是宴客中最迷人的甜點。

| 烤盤 | 迷你塔皮 |
|---|---|
| 計時 | 3-4 分鐘 |
| 片數 | 約 16 個 |

**材料**

無鹽奶油 ................. 55g
糖粉 ..................... 35g
低筋麵粉 .............. 100g
奶粉 ..................... 4g
鹽 ....................... 1g
雞蛋 ..................... 10g
鮮奶 ..................... 15g

**生巧克力**

動物性鮮奶油 ....... 100g
苦甜巧克力 .......... 100g

## 作法

1. 奶油放入攪拌盆中打軟，再加入糖粉，以打蛋器打到均勻。

2. 全蛋打散後，倒入鮮奶攪拌均勻，分次加入1中，攪拌均勻。

3. 接著加入奶粉、過篩的低筋麵粉，壓成麵糰之後，放進冰箱冷藏30分鐘。

4. 將麵糰分割成11-12g一個，搓圓（第一次做的朋友，建議用12g比較容易滿模）

5. 鬆餅機預熱完成後，放入麵糰，將上蓋壓到底，約2-3分鐘即完成。

6. 將巧克力與鮮奶油放入碗中隔水加熱❶，攪拌均勻❷。

7. 等塔皮涼了，趁6還溫熱時，於塔皮中倒入適量生巧克力❸。

8. 若倒入時，巧克力不太平整，可以左右搖晃一下❹，讓表面平順些。

9. 等巧克力凝固之後，即完成。

---

*Tips*

生巧克力加熱時，只需要加熱到巧克力融化即可，溫度太高的話，會造成油水分離。

· 步驟1-5的圖可參考法式檸檬塔。（P157）

---

# 水果塔

精緻小巧的水果塔，是學做甜點的人都很想學會的夢幻品項，但總給人很難的感覺，沒想到用小 V 能如此簡單地做出來，只要選擇當季的時令水果，配自製的卡士達醬，一個個小巧又清爽可口的 mini 水果塔就完成了。

| 烤盤 | 塔皮 |
|---|---|
| 計時 | 3-4 分鐘 |
| 份數 | 8 個 |

**材料**

| | |
|---|---|
| 奶油 | 75g |
| 糖粉 | 70g |
| 雞蛋 | 36g |
| 低筋麵粉 | 150g |
| 奶粉 | 15g |

**餡料**

| | |
|---|---|
| 卡士達醬 | 適量（請參考P028） |
| 草莓 | 適量 |
| 藍莓 | 適量 |

## 作法

1. 奶油軟化之後，用打蛋器稍微打一下，加入過篩的糖粉攪拌均勻❶。

2. 接著中加入雞蛋，繼續攪拌均勻。

3. 再加入過篩的麵粉與奶粉，攪拌均勻❷❸。之後放入冰箱冷藏20分鐘，完成麵糰。

4. 將麵糰分成8等份，每個約40g，稍微整成圓形之後壓扁❹。

5. 鬆餅機預熱完成後，放入鬆餅機中❺，上蓋，約4分鐘左右❻。

6. 冷卻之後，裝入適量的卡士達醬，再放上水果裝飾即完成。

Tips

每烤完一批，一定要將烤盤中多餘的油脂以廚房紙巾吸乾，再烘烤下一批。

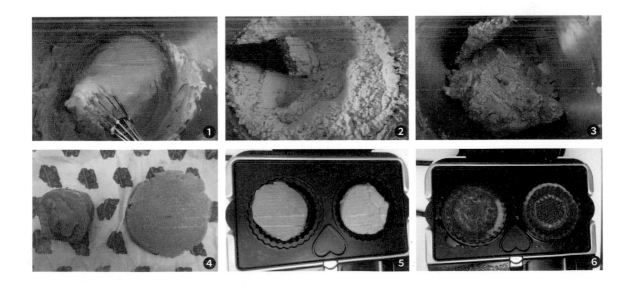

節·日·點·心

# 聖誕節甜甜圈

簡單的裝飾，就可以把甜甜圈變身成聖誕節中最可愛應景的甜點。

## 材料

| | |
|---|---|
| 奶香甜甜圈..........24個（P142） | 迷你MM巧克力 ...適量 |
| 巧克力甜甜圈......24個（P144） | 巧克力棒..............適量 |
| 巧克力..............................適量 | 防潮糖粉..............適量 |
| 白巧克力..........................適量 | |
| 抹茶粉..............................適量 | |

| | |
|---|---|
| 烤盤 | 甜甜圈 |
| 計時 | 3-4 分鐘 |
| 份數 | 約 4-5 個 |

## 作法

1. 準備好所有的裝飾材料❶。

2. 將巧克力與白巧克力，分別隔水加熱融化❷。

3. 取另一個小碗放入白巧克力與抹茶粉，隔水加熱後攪拌均勻（因為每種抹茶粉顏色差異很大，請大家調到自己喜歡的顏色為準）。

4. 拿一個甜甜圈，沾適量的巧克力/白巧克力/抹茶巧克力❸，任意裝飾。

5. 趁還沒凝固之前，放上MM巧克力或其他裝飾，可以做出麋鹿造型❹。鹿角是用Pocky分成兩段，再沾融化的巧克力黏起來的。

6. 甜甜圈沾上抹茶白巧克力，趁還沒凝固之前，放上MM巧克力或其他裝飾聖誕樹❺。全部巧克力都凝固後，撒上適量的防潮糖粉，即完成。

Tips

巧克力要買最小的，不是一般尺寸喔！

節·日·點·心

# 萬聖節甜甜圈

萬聖節除了南瓜甜點,來點應景的造型甜甜圈也不錯,巧克力口味的蜘蛛網有趣又美味。

## 材料

奶香甜甜圈.............24個（P142）　　巧克力..............適量
巧克力甜甜圈........24個（P144）　　白巧克力...........適量
巧克力豆.................................適量

| 烤盤 | 甜甜圈 |
| --- | --- |
| 計時 | 2-3 分鐘 |
| 份數 | 24 個 |

## 作法

1. 將巧克力與白巧克力各別放入小碗中，隔水加熱融化 ❶。

2. 拿取一個甜甜圈，表面沾適量的巧克力❷，放涼等待其凝固。

3. 再將部分融化的巧克力裝入三明治袋子，剪一個小洞，畫出蜘蛛網❸❹。

4. 取一個巧克力豆，當成蜘蛛的身體❺，再用與巧克力豆同色的融化巧克力畫出蜘蛛的腳❻，放涼後，即完成。

Tips

畫圖案的時候，每個步驟都要確定巧克力凝固了，再進行下一步。

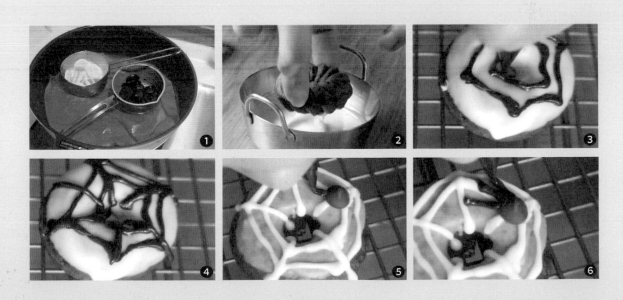

*Column*

節 · 日 · 點 · 心

# 金磚
# 鳳梨酥

鳳梨酥是中秋節及春節期間最受歡迎的伴手禮之一。自己做的鳳梨酥，用料實在，吃得到奶油的香氣與鬆酥的口感。

| 烤盤 | 費南雪 |
|------|--------|
| 計時 | 3-4 分鐘 |
| 片數 | 8 個 |

### ▶ 材料

| | | | |
|---|---|---|---|
| 奶油 | 75g | 奶粉 | 10g |
| 糖粉 | 30g | 現成鳳梨餡 | 160g |
| 蛋黃 | 1顆 | （每顆內餡20g） | |
| 低筋麵粉 | 140g | | |

## 作法

1. 奶油軟化之後，用打蛋器稍微打一下❶，加入過篩的糖粉攪拌均勻❷。

2. 接著加入蛋黃，再度攪拌均勻❸。

3. 繼續加入過篩的麵粉與奶粉❹，攪拌均勻❺。蓋上保鮮膜，放入冰箱休息10分鐘。

4. 將麵糰分成8等份❻，每個約33g，稍微整成圓形，鳳梨餡1顆使用20g。

5. 將麵糰壓扁，放上鳳梨餡❼，包起來後❽，再搓成長的橢圓形❾。

6. 鬆餅機預熱完成後，放入鬆餅機❿，上蓋，約4分鐘左右即完成⓫。

### Tips

· 每烤完一批，一定要將烤盤多餘的油脂⓬，用廚房紙巾吸乾，否則過多的油脂會流到導熱管，產生燒焦味。

· 在烘烤第一批的時候，可先將剩餘的4個麵糰，放入冰箱冷藏，等要烤時再取出。

· 取出鳳梨酥時，可用小的矽膠刮刀輔助取出⓭，較不易碎裂。

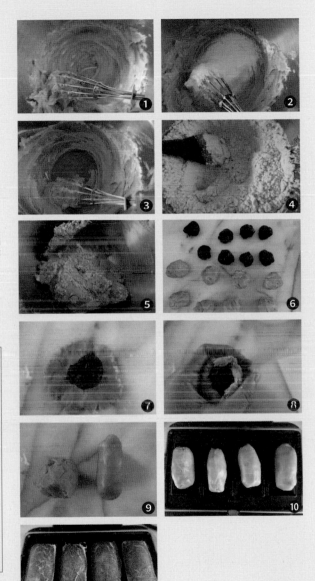

# 烤盤索引

# 辣媽*Shania*
## 給新手的零廚藝、超省時鬆餅機料理 72

作　　者 | 郭雅芸 辣媽 Shania

責任編輯 | 楊玲宜 ErinYang
責任行銷 | 鄧雅云 Elsa Deng
裝幀設計 | 柯俊仰 Yang Jyun
版面構成 | 張語辰 Chang Chen
封面攝影 | 吳宇童 MuseCat Photography
梳　　化 | Cheryl Wu彩妝造型

發 行 人 | 林隆奮 Frank Lin
社　　長 | 蘇國林 Green Su

總 編 輯 | 葉怡慧 Carol Yeh
主　　編 | 鄭世佳 Josephine Cheng
行銷主任 | 朱韻淑 Vina Ju
業務處長 | 吳宗庭 Tim Wu
業務主任 | 蘇倍生 Benson Su
業務專員 | 鍾依娟 Irina Chung
業務秘書 | 陳曉琪 Angel Chen
　　　　　莊皓雯 Gia Chuang

發行公司 | 悅知文化 精誠資訊股份有限公司
　　　　　105台北市松山區復興北路99號12樓
訂購專線 | (02) 2719-8811
訂購傳真 | (02) 2719-7980
專屬網址 | http://www.delightpress.com.tw
悅知客服 | cs@delightpress.com.tw
ISBN：978-626-7288-65-8
建議售價 | 新台幣380元
二版一刷 | 2023年07月

國家圖書館出版品預行編目資料

辣媽Shania給新手的零廚藝、超省時鬆餅機料理 / 辣媽
Shania作. -- 二版. -- 臺北市：悅知文化精誠資訊股份有限公
司, 2023.07
　　面；　公分
ISBN 978-626-7288-65-8 (平裝)
1.CST: 點心食譜

427.16　　　　　　　　　　　　　　　112011619

# Vitantonio®

1999年成立的日本消費性小家電品牌
以打造簡潔外觀及符合消費者使用需求為設計宗旨
其高質感鬆餅機廣受亞洲消費者喜愛
強調對於吃的追求，不再只是食物的美味
更延伸到使用家電的設計細節
接觸材質的安全性到製作過程的便利性
都更加重視，並且追求盡善盡美
這就是新日本食感生活

## 多種烤盤可替換 百變點心輕鬆做

熱情紅

雪花白

多用途吐司烤盤

瑪德蓮烤盤

鯛魚燒烤盤

銅鑼燒烤盤

方型鬆餅烤盤

法式薄餅烤盤

杯子蛋糕烤盤

熱壓三明治烤盤

塔皮烤盤

費南雪烤盤

帕里尼烤盤

熱壓吐司烤盤

愛心鬆餅烤盤

迷你塔皮烤盤(單)
需搭配杯子蛋糕烤盤使用

甜甜圈烤盤

# Vitantonio®
## 多功能計時鬆餅機

( 新機上市 ) ( 新增計時器 ) ( 900W高功率 ) ( 全新多用途烤盤 ) ( 強化防溢漏溝槽 )

**附贈全新食譜本**
10種日本研發的創意食譜，甜鹹料理、西點洋食融合，讓你百變美味跟著做

---

### point 1　全新多用途吐司烤盤

**每日備餐超級好幫手**

隨機附贈最新多用途吐司烤盤，面積更大更深，一次烤兩份美味三明治，備餐更迅速！

**內餡夾更多**
**口感更厚實**

烤盤內深可夾入豐富餡料，且內餡不壓扁，保留厚實內餡，一口咬入多種美味！

**酥脆吐司邊 均勻熱壓吐司體**

烤盤平均受熱，烤出美麗烙痕吐司，吐司邊角更酥脆，無需切邊！

### point 2　高溫烘烤 完美鬆餅

900W高功率可將烤盤快速預熱至最佳溫度，計時器3-4分鐘即完成預熱！

鬆餅外皮酥脆、內餡鬆軟，一機在手、美味鬆餅不失敗！

### point 3　新增計時功能

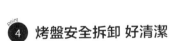

全新升級-計時器設計，取代ON/OFF開關按鍵，不必擔心忘記關機。

可調1-10分鐘鈴響提醒，完美掌握烤色，成品更美觀，不易失敗！

### point 4　烤盤安全拆卸 好清潔

烤盤防溢漏溝槽凸起強化，料理中滴漏油汙不易沾染機身底部加熱管，安全更好清潔。

---

台灣總代理

**TEST RITE 特力集團**

請認明特力集團總代理產品更有保障
客服電話 0800.356.588

 VitantonioTW 🔍

購買通路：全台HOLA、百貨專櫃、特力＋、momo、PChome等網路商城

# 廚房烘焙小物

*Scale*

*Timer*

*Thermometer*

*Hand Mixer*

斤斤
計較

精準
測量

提升
效率

## KOSMART
### 霖寶貿易有限公司

台灣總代理 ｜ 日本烘焙器具總合商

https://issuu.com/kosmart0
http://www.dretec.com.tw/
LINE ID:@395iywta
FB:霖寶貿易有限公司

100%使用日本九州
7種穀物

# 九州パンケーキ
*Kyushu Seven Grains Pancake Mix*

## 每天的美味就從滿滿的九州嚴選素材鬆餅粉開始吧

九州パンケーキ
*Kyushu Seven Grains Pancake Mix*

九州の素材だけでつくりたかった、
毎日のおいしさ。

ふわもち新食感

九州パンケーキ
バターミルク
*Kyushu Seven Grains Pancake Mix*
九州の素材だけでつくりたかった、
毎日のおいしさ。[九州産バターミルク使用]

ふわもち＋しっとり新食感

九州パンケーキ
和紅茶
*Kyushu Seven Grains Pancake Mix*
九州の素材だけでつくりたかった、
毎日のおいしさ。[ふるさと宮崎産の和紅茶使用]

ふわもち新食感

## 鬆軟Q彈新食感

100%沖繩、鹿兒島產甘蔗蔗糖
不含鋁的膨脹劑
不使用乳化劑、香料、加工澱粉

更多介紹

立即購買

dp 悦知文化
Delight Press

# 14款烤盤品項全制霸，從早餐到點心，滿足全家人的胃。

《辣媽Shania給新手的零廚藝、超省時鬆餅機料理72》

請拿出手機掃描以下QRcode或輸入
以下網址，即可連結讀者問卷。
關於這本書的任何閱讀心得或建議，
歡迎與我們分享 ☺

https://bit.ly/3cHITQH